重庆文理学院学术专著出版资助

# 乡村规划与乡村人居环境营造研究

张丹萍 / 著

新 华 出 版 社

图书在版编目 (CIP) 数据

乡村规划与乡村人居环境营造研究 / 张丹萍著 .
— 北京 : 新华出版社 , 2022.10
ISBN 978-7-5166-6471-1

Ⅰ . ①乡… Ⅱ . ①张… Ⅲ . ①乡村规划 – 研究 – 中国
②乡村 – 居住环境 – 研究 – 中国 Ⅳ . ① TU982.29 ② X21

中国版本图书馆 CIP 数据核字（2022）第 179140 号

乡村规划与乡村人居环境营造研究

作　　者：张丹萍

责任编辑：蒋小云　　封面设计：马静静

出版发行：新华出版社
地　　址：北京石景山区京原路 8 号　邮　　编：100040
网　　址：http：//www.xinhuapub.com
经　　销：新华书店
新华出版社天猫旗舰店、京东旗舰店及各大网店
购书热线：010-63077122　　中国新闻书店购书热线：010-63072012

照　　排：北京亚吉飞数码科技有限公司
印　　刷：北京亚吉飞数码科技有限公司
成品尺寸：170mm × 240mm　1/16
印　　张：13.25　　字　　数：210 千字
版　　次：2023 年 4 月第一版　　印　　次：2023 年 4 月第一次印刷
书　　号：ISBN 978-7-5166-6471-1
定　　价：87.00 元

# 前　言

美丽乡村建设是我国社会主义新农村建设的新表达，是集生态、生活、生产三位一体的系统性工程。2005 年，十六届五中全会通过的第十一个五年规划中首次提出了建设社会主义新农村，2013 年中央一号文件中第一次提出了要建设“美丽乡村”的奋斗目标，进一步加快农村生态建设、环境保护和综合整治工作。2017 年，党的十九大中提出了乡村振兴战略，再次强调把解决“三农”问题作为党工作的重中之重。坚持农业农村优先发展，按照产业兴旺、生态宜居、乡村文明、治理有效、生活富裕总要求，健全城乡融合发展体系，推进农业农村现代化。

当前加快美丽乡村建设，让农村成为安居乐业的美丽家园，提高农民的经济收入，改善农民的生活质量，已经成为全国上下普遍关心的话题。美丽乡村建设是新时期农村工作的一项系统性、全局性的重大战略工程。其中，乡村景观建设是这项工程的一个重要方面，事实证明加快乡村景观的建设对于塑造美丽乡村、改善农村居民生活质量、推动农村经济发展方式的转变都具有重要的意义。近些年，由于国家和地方的大量资金、人力和物力的投入，乡村景观建设取得了阶段性进展，乡村面貌也焕然一新。

然而，在乡村景观建设中，由于急于求成和缺少科学的规划设计，在村庄整治和改造过程中过于强调拆旧建新，使当地一些历史古迹、原有乡村风貌等被严重破坏。另外，在乡村景观规划建设中，一味地追求城市景观模式和盲目模仿示范村模式，使得一些原本具有地域特色的村庄被一个个千篇一律、面孔雷同的村庄所取代，这些都导致了乡村景观建设中文化内涵和乡土特色的缺失。因此，如何将当地的历史渊源、文化传统、生态环境、农业生产方式等因素与乡村景观的规划建设结合起来，是目前乡村景观规划建设中的一项紧迫任务和亟待解决的课题。

作者对国内外乡村景观的建设经验和理论成果进行了深入细致的

研究，并对影响乡村景观建设的各方面因素进行大量的研究分析，如乡土文化、经济发展模式、生态环境等。同时，对中国传统园林进行了研究，探讨中国传统造园理念对当下乡村景观规划建设的借鉴意义。通过大量的理论研究，并在实践考察中得到深刻启迪，充分认识到乡村景观具有鲜明的自然性、生产性和人文性的特点，是一个地域历史渊源、文化传统、环境特征和生产方式的集中体现，是自然景观、聚落景观、生产景观及人文景观的综合体。因此，乡村景观的建设也不仅仅是简单的乡村改造和拆旧建新，而是一项要充分考虑各方面因素、长期而复杂的建设工程。美丽乡村景观建设不仅改善农民的生活质量，同时激发了城市居民的乡村旅游热情，推动田园观光、农作体验、休闲度假等乡村旅游业发展，加快乡村地区由传统农业向现代农业转化的步伐，实现农村经济的跨越式发展。

本书内容丰富、观点新颖、文字简练，通俗易懂，具有很强的实用性。本书的研究成果将服务于我国新农村建设，为美丽乡村建设提供重要的理论依据和参考。另外，也会唤起人们对乡村景观规划建设的重视和关注，使更多的人参与到这一伟大建设实践中来。

作　者

2021年7月

# 目　录


**第一章　绪论** ························································· 1

第一节　走进乡村 ························································· 1

第二节　建设乡村家园的挑战 ······································· 7

第三节　乡村经济的发展 ············································· 10

**第二章　乡村人居环境简述** ······································· 27

第一节　人居环境释义 ················································· 27

第二节　乡村人居环境的构成与建设原则 ····················· 28

第三节　乡村人居环境科学的区域规划理论 ················· 42

**第三章　乡村规划与建设** ··········································· 58

第一节　乡村规划的基本知识 ······································· 58

第二节　乡村规划的任务与内容 ··································· 69

第三节　乡村规划的理论依据 ······································· 76

**第四章　乡村村庄的规划体系与地域特色建筑空间营造** ········ 82

第一节　村庄规划体系分析 ·········································· 82

第二节　村庄建设用地与建筑空间规划 ························· 92

第三节　乡村地域特色建筑空间元素分析 ···················· 103

**第五章　乡村人居环境绿地系统的规划与营造分析** ········ 113

第一节　人居环境绿地系统规划框架 ··························· 113

第二节　人居环境住宅绿地与公园绿地规划设计 ·········· 117

第三节　乡村绿地系统规划的具体分析 ······················· 122

第四节　乡村绿地系统营造的深入分析 ······················· 124

**第六章　乡村旅游规划研究(一)** ································· 126

第一节　乡村旅游设施的保障与建设 ··························· 126

第二节　乡村旅游形象树立与设计…………………………………… 133
第三节　乡村旅游市场的开拓与发展………………………………… 136
第四节　乡村旅游生态环境的保护措施……………………………… 143
第五节　乡村旅游规划设计实践……………………………………… 149
**第七章　乡村旅游规划研究(二)…………………………………… 156**
第一节　乡村旅游基本知识分析……………………………………… 156
第二节　乡村旅游规划的创新路径…………………………………… 170
第三节　乡村旅游策划及规划设计分析……………………………… 184
第四节　乡村旅游保障体系的具体规划……………………………… 189
**第八章　乡村人居环境营造的趋势——"美丽乡村"建设 ……… 191**
第一节　"美丽乡村"的建设意义 …………………………………… 191
第二节　"美丽乡村"的建设背景 …………………………………… 192
第三节　"美丽乡村"的建设任务 …………………………………… 194
**参考文献………………………………………………………………… 200**

# 第一章　绪论

## 第一节　走进乡村

### 一、农村的发展

（一）农村的定义

农村也称“乡村”，是“城市”的对称，即城市以外的一切地域，主要是县以下的乡（镇）、村两个层次。从不同角度定义农村，可能会有细微差别，但殊途同归，农村是在某一地域中，由指定社会群体与多种社会关系构成，主要从事农业生产的社会实体，它是社会的基本构成，也是社会发展的重要基础。农村不仅涵盖指定地域的国民经济各个部门，还包括社会、经济、生态等各方面，在每个方面中还包含诸多层次与因素，可以说是极其庞大与复杂的系统。城镇是指人口比较集中、工商业比较发达、以非农业人口为主的区域，包括国家批准设市建制的直辖市和省、自治区、直辖市批准设镇建制的镇。根据我国有关部门规定，大多数县城是镇的建制，应属于城镇范围，但由于县、镇是城市和农村的结合部，县、镇的经济往往和农村经济融为一体，为方便分析问题，本书提到的农村范围有时也包括县、镇在内。所谓县级农村，是指县级行政管辖范围内的农村。

农村与城市的区别主要是产业结构、居民的人口规模和集居的密度。农业生产与自然环境关系密切，周期性和季节性明显，生产稳定性差，劳动生产率不易提高，耕作路途较远且分散。这些特点决定了乡村人口密度一般小于城市，人们的社会交往较少，信息较为闭塞，在一定

阶段农民安居乐土,不易流动;但由于农业生产经济效益比较低,在社会发展的某个阶段,乡村人口流入城市又成为普遍现象。

图 1-1　美丽新农村

对于农村的含义,基本要素有三点:其一,一定地域;其二,农业在产业结构中占极大比重;其三,一定的行政归属。理解农村这一概念,需要从三个方面着手。

首先,清楚农村的地域属性,由于与城市相对应,它包含除城市外的所有地域。同时,农村具有经济属性,相比于城市的经济活动形式有很大不同,甚至可以说是千差万别。农村经济对自然的依赖性更强,并且经济活动的密集程度较低。相关学者就曾指出,城市本身就是人口、资本、生产工具、需求、享乐的集中体现,而农村处处体现着分散与孤立。

其次,农村有特定的生产生活方式。相比于城市,农村的生产生活方式有很大差别。现阶段,我国农村仍以农业生产为主,并且人们会通过农业生产丰富生活。

最后,农村是有行政归属关系的。当前,农村主要是指乡、村这两大社会区域。具体而言,农村或是隶属于某县下的乡,或是隶属于某乡下的村。同时,每个农村都会在指定区域内享有教育、商业、服务业等的设施。

## (二)我国农村的主要特征

由农村的基本概念和构成要素可知,我国农村具有以下特征。

1. 以一定的社会组织关系为基础

我国的农村主要指县以下的乡和村两级社会区域。依据我国法律，乡一级是国家在农村的基层政权性组织，而村是村民自治性组织。

2. 以农为主

以农业生产方式为基础，尽管随着社会进步与经济发展以及农村产业结构的调整，大多数农村都实行农、工、商、运、建、服等不同产业的综合经营。但农村社会的主导生产方式决定了现阶段我国农村仍然是以农业为主，农业生产方式居于主导地位。我国农村多种经营方针和社会主义市场经济的发展，特别是20世纪90年代兴起的农业产业化，使农村社会的传统模式、社会行为方式不断地发生变化，原来的农村的内涵也在发生变化。例如，农村城市化的发展将极大地改变农村与城市的区别与差距。因此，农村这一概念的特点具有相对性质，应持动态观点。

3. 以农民为主

以农户家庭为基础，现阶段农村的主要成员是从事农业劳动的农民。我国的农村是由原来的民族、家族、部落、邻里等血缘、地缘群体演变而来的。因此，与城市相比，传统伦理的习惯势力影响较大，血缘关系、地缘关系、家庭观念、家庭地位对于农村社会经济仍有一定的影响力。

（三）我国农村的发展

我国是一个农业大国，中国的革命从农村开始，中国的改革率先从农村突破。农业兴，百业兴；农业稳，全局稳。农业、农村和农民问题，在党和国家工作中始终处于举足轻重的地位。全国14多亿人口，9亿在农村。农业产业解决了4亿劳动力就业和9亿人民生活和致富问题，满足了12亿人口的吃饭和对多种农副产品的需求。农业产值和来自农业的税收在国民经济中占有重要的比重。

党的十一届三中全会以来，我国的农业、农村经济和社会发展发生了历史性的巨变，取得了举世瞩目的成就，开创了农村发展的新纪元。农村改革40多年来，实行以公有制为主体，多种所有制经济共同发展的基本经济制度；以家庭承包经营为基础，统分结合的经营制度；以劳动所得为主和按生产要素分配相结合的分配制度，初步构筑了适应发展社会主义市场经济要求的农村新经济体制框架，极大地调动了亿万农民的积极性，解放和发展了农业生产力，粮食和其他农产品大幅度增长。乡镇企业异军突起，是我国农民的伟大创造。它的发展，带动了农村产业结构、就业结构的变革和小城镇的发展，开创了一条有中国特色的农村现代化道路。但是，“村村点火，户户冒烟”，资源浪费，污染严重，也逐步恶化了农村生态环境。

改革开放的 40 多年间，农民收入迅速提高，全国农村总体上进入由温饱向小康迈进的阶段。农村的物质文明的进步与提高，为农村精神文明建设打下了坚实基础，使得农民的思想观念正在不断发生变化，在反哺于农村精神文明建设的同时，农村基层民主程度得到极大提高，村民自治的民主法制建设也在不断向前发展。整体而言，我国农村改革的成功不仅有助于社会的发展，还为全国改革与国家经济建设做出了重要贡献，但当前我国农村存在的问题仍是不可忽视的，不可因一时的成就而懈怠。

图 1-2　乡村

对于农村存在的问题，主要表现在以下方面：一是农业基础设施建设力度不足，对自然灾害的抵抗能力有限；二是城乡之间的差距较大，并且农村之间的发展也处于不平衡的状态中，人口、环境、资源等方面有较重的压力；三是农民的生活水平有待进一步提升，虽然我国通过精准扶贫已经让全国人民摆脱贫困，但还应为人民的幸福生活而努力；四是农村科教力度不足，相比于城市人口，农民及其子女的知识水平有明显差距；五是农业人口多，随着全国人口的不断增多，会增加农民子女的竞争压力；六是农村的市场化程度有待进一步提高，通过公开透明的市场竞争机制，农民才能切实保护自身利益，得到更好的发展；七是生产效率有待进一步提高，实现自动化生产。

中国是一个农业人口占绝大多数的农业大国，为实现我国发展的宏伟目标，农业、农村和农民问题是关系我国现代化建设全局的重大问题，必须保持农业和农村经济的持续稳定发展，逐步实现农业现代化，以实现整个社会主义现代化。因此，必须始终把发展农村经济，提高农业生产力水平作为整个农村工作的中心。

## 二、农村区域及其产生与发展

### （一）农村区域的定义

区域，泛指地球表面的一定空间，其面积、界限及属性可根据区域内部特征、人们的使用范围、目标而确定，通常是指一国范围内的各级、各类地区。行政区域是按照各级行政管辖的范围划分的，大至一国、一省的范围，小至一乡、一村；自然区域是以区域的某个（某些）自然因素为相似性和差异性划分的，如长江中下游平原、华南沿海等，其区界不受行政区界的限制；经济区域是根据区域劳动地域分工的特点，具有一定网络结构和经济联系的辐射吸引能力而划分的区域。例如，上海经济区，是以上海为中心、长江三角洲为主体，包括东部五省一市的经济发达区域，功能区是根据经济发展特点和职能相同而划分的区域，如城郊农业区等。各种属性的区域都是客观存在的实体，其特性、功能是由其内部相互作用、互为条件的各要素组合而成的有机整体。区域的划分，则是人们对这个客观实体的主观认识，划分是否准确，取决于对客观实体的认识水平。农业生产活动必须在一定的区域上进行。农村区域，是以农业生产为主体的农村经济活动在地域空间上的表现，是农村经济活动与地域结合而形成的相对统一的空间。从生态经济学的观点看，农村区域就是一个农业生态经济系统，是客观存在的乡村分布的实体，是进行农村区域规划、实现农村生产合理布局的基础。

## (二)农村区域的产生与发展

农村区域的属性是由农村经济活动的本质所决定的,并随着社会生产方式和生产条件的改变而发生变化。农业生产是农村经济活动的基础,农业生产的对象是生命的有机体,与所在区域的自然条件和社会经济条件密切联系,这些条件的地区差异,必然对各种自然生物及栽培作物适生环境有很大的约束作用,从而深刻影响农村经济活动。因此,农村区域的形成与发展是自然、技术、经济条件相互作用、长期共同影响的结果。纵观我国农业的发展历史,我国农村区域的发展可以分为以下三个阶段。

### 1. 原始农业阶段

根据我国史籍记载,早在人类社会早期,就已出现了不同的农村区域。由于当时社会生产力水平十分低下,人们控制自然的能力十分低弱,对自然条件只能在适应中加以有限的利用,农业生产门类极为简单。此阶段有代表性的农村区域是黄河流域以其土地疏松肥沃,气候温暖干燥,栽培麦、豆、粟、黍为主的旱作农业,畜牧业以饲养猪、马、羊、黄牛、鸡、狗等畜禽的农村区域;长江流域以气候暖湿、河流密布、土壤肥沃、种植水稻为主,饲养猪、水牛、羊、狗、家蚕和生产丝织品的农村区域。

### 2. 传统农业阶段

由奴隶社会到封建社会,随着铁制农具的出现,栽培和饲养技术的改进,农业生产力大有提高。农田水利为农业的发展创造了前所未有的物质条件,人们适应、改造自然的能力增强,促进了农业生产的发展。同时,畜牧业、农业和手工业的分工日益扩大,开始出现劳动地域分工,产品交换有所发展,农村区域的范围也不断扩大。鸦片战争后,由于外来洋货的倾销,落后的农村自然经济开始逐步解体。一方面,农村资源受到掠夺性的破坏,耕织结合为中心的农村经济结构遭到瓦解;另一方面,也促进了农业商品化和专业化生产的发展,作为工业原料的经济作物,如棉花、烟叶、大豆等作物都趋向集中生产,促使劳动地域分工和乡村区域特色进一步形成。传统农业的基本特点仍以自给自足的自然经济为主导,以手工、畜力农具的广泛应用为特征。

3. 现代农业阶段

现代农业以大规模的商品化、专业化和社会化为特征。随着社会生产力发展到较高水平,地区间商品经济广泛发展引起地域分工日益明显,农村生产的地区差异,已不再单纯的由自然环境条件所决定,各地的农业生产结构和地区分布、生产规模和水平常取决于一定时期的社会需要和技术、经济、社会条件,农村区域出现了明显的劳动地域分工和具有不同程度的专业化农业经济区域。

中华人民共和国成立以来,我国农村生产布局有较大的调整,全国范围内的农村区域的特征日趋明显。但目前,我国农村的商品化和专业化的程度仍比较低,大部分区域尚处于传统农业向现代化农业的过渡阶段,因此我国农村区域的结构和布局有待进一步调整。实现社会主义的农业现代化,农村经济的发展必须走向专业化、区域化和产业化。社会主义农村区域的基本特征是:农村区域之间的地域分工与区域内部的生产结构合理结合,专业化生产与综合发展相结合,实行“一业为主,多种经营”,保证农村生产结构与区域布局相互促进、均衡发展。

## 第二节 建设乡村家园的挑战

乡村只是一个相对概念,是相对于同时期的城市而言的一个区域,并且这个区域处于不停地发展变化之中。多年来农耕文明作为乡村景观存在的基础,以农业生产为目的的乡村发展变化非常缓慢,一直处于相对稳定的状态。然而由于农业现代化、乡村城镇化、人口流动等因素,乡村景观的形态规模和理念都发生着重大的变化。

随着社会的发展,以往那种较低的人口密度和以农业生产活动为主的乡村概念已无法包容当代乡村的内涵。城市化的推进使得传统乡村特征逐渐淡化,农业向非农经济转型,聚落从乡村型向城镇型转变。另外,现代农业的发展,农业生产模式的转化也造成农业生产景观的变迁。目前,我国乡村正处在一个变化的、多元的和复杂的新时代,因此对影响乡村景观变迁的因素进行研究有重要的意义。

## 一、城市化进程

城市化进程对乡村景观的影响是巨大的，随着社会经济的发展与城乡一体化进程的加快，乡村的建设也如火如荼。然而，乡村景观的建设正在演变成另一种形式的快速城市化。在农村无论是农业、工业，还是集市贸易，都开始向规模化、集团化、区域化的方向发展，整个区域逐渐从“乡村性”向“城市性”迈进。乡村城市化的进程中变化最为快速和显著的是经济景观的城市化，随后带动居民生活的城市化，造成了乡村聚落景观的改变。

图 1-3　宝山社区全景

## 二、现代农业的兴起

现代农业的兴起对乡村生产景观的影响极大，现代农业推动了创意农业、生态农业、观光农业的发展。以往在乡村景观中占据主导因素的农田景观优势逐渐减弱，代替的是农业观光园景观和乡村旅游景观的发展，从而使整个乡村生产景观更加丰富多样。

## 三、人口的流动

随着乡村城市化的快速发展，越来越多的农民向城镇迁移，并主要集中在中心城镇,造成原先村庄居民人口的急剧减少,独立住户和自然村大幅度减少。乡村人口空间分布的积聚度有所增加,聚落等级分化逐渐显著,改变了传统乡村聚落分散的、同构同质的局面,在分化与重组中逐步向多功能的、集中的、异质异构的格局发展。我国城镇进程和城乡转型步伐加快是造成"空心化"[①]现象的主要因素。

## 四、非农经济的兴起

"乡村非农化",即乡村通过不断发展非农产业,带动乡村经济发展与社会变革的过程。对于乡村非农化,其基本表现特征是非农产业产值在乡村经济总产值中的占比不断提高,以及乡村居民的非农业生产者的比重不断增加。相比于一般意义上的乡村工业化,乡村非农化的涵盖范围显然更加广泛,其主导力量不再局限于乡村建筑业、乡村工业等乡村第二产业,还包括乡村商业、乡村饮食服务、乡村交通运输等乡村第三产业。可以这样说,乡村非农化的核心就是乡村工业化,但乡村非农化想要得到更好的发展,必然要对乡村第三产业予以足够的重视,这也是新时期乡村建设的主要侧重方向。通过对乡村非农化的实践研究,不仅有助于乡村经济的发展,促进乡村生产功能的革新,而且能够使乡村景观更加引人注目,甚至间接为乡村旅游业的发展打下坚实的基础。

图 1-4 上海崇明农村

① 空心化主要是因为农村劳动力大规模向城市转移的结果。20 世纪 90 年代初以来,农村劳动力的跨地区流动日趋活跃,并逐渐成为农村劳动力转移的主要形式。

## 第三节　乡村经济的发展

### 一、乡村经济发展历程

我国乡村经济从中华人民共和国成立初期的百废待兴发展到今天的初步繁荣，其间经历了十分曲折的发展过程，更是凝结了几代人的心血和智慧。乡村经济的发展，也是我国整个国民经济建设的缩影，在其走过的道路上充满了探索，也充满了挫折，回首凝望历史的影子，犹如近前。

1949 年，中华人民共和国成立伊始，面临的是战争后支离破碎的经济局面。按当年价格计算的社会总产值仅 557 亿元，其中农业总产值为 326 亿元，农业总产值占社会总产值的比重为 58.5%，在整个国民经济中占主体地位。我国的乡村经济就是在这样一个摊子之上开始了漫漫的发展之路。

改革开放以前，我国乡村经济基本上以集体经营为发展方向。农民作为人民公社[①]的成员，参加集体统一安排的生产劳动，每到年终，集体再统一进行收益分配。在人民公社经营体制下，个人可以拥有自留地和从事家庭副业，但由于家庭副业受到限制，其在收入中所占比重仅为 20% ~ 30%。这种经济模式严重束缚了农业生产力的发展，致使我国农民长期连温饱问题都难以得到解决。农业经济的这种低迷，与相关历史时期国家实行的工业扶植政策是密切相关的。农业为工业的发展积累了大量原始资本，自身的发展却非常缓慢。在特定时期由于错误的政策导向，在全国范围内对乡村经济造成了严重的破坏，甚至是局部地区的倒退，乡村基建长期难以改善，破旧落后的面貌没有从根本上得到改观。

1978 年，改革开放的春风刮遍了祖国大江南北，家庭联产承包责任制的实行为我国乡村经济的发展注射了一支强心剂，农民生产的积极性爆发出来。个体所有制等多种所有制经济类型得到了恢复和发展，再加

① 人民公社是我国社会主义社会结构的、工农商学兵相结合的基层单位，同时又是社会主义组织的基层单位。

上国家采取了提高农产品收购价格的激励措施，使乡村经济得到迅速发展，农民收入水平随之得到大幅度提高。1978—1990年，按可比价格计算，农业总产值增长了102.6%，年平均增长达6%。乡镇企业产值在11年间以26.7%的速度递增，非农产业产值占乡村社会总产值的比重由30.5%上升到54.9%，乡村收入构成发生显著变化，以乡镇企业为主的非农产业的振兴，使中国农民闯入了非农产业的各个领域并找到了崭新的机会大显身手，这极大地带动了农民收入的增长。农民总收入中货币性收入达到73.8%，这标志着农民生产和生活与外部市场联系得更加紧密。经济的发展从农村面貌的改变上能得到最直观的体现，一排排瓦房排列有序，一条条大路宽阔干净，人们的衣着也呈现出新时代的气息，增加了更多的时尚元素和灵动的色彩，农村到处是一片欣欣向荣的景象，“楼上楼下，电灯电话”，体现了人们对新生活新农村的向往和追求。

当历史的脚步踏入了20世纪90年代，乡村经济的发展进入又一个全新时期。家庭联产承包经营的弊端已经开始显露出来，再也无法承担起日益扩大的农副产品市场化的发展需求，农业经营分散性与市场的统一性之间的矛盾开始出现并日益尖锐。为解决这种矛盾，分散的农户主体进行了组织创新，在部分地区，出现了以龙头企业带动新型乡村经济发展模式，即农业产业化经营[①]。农业的产业化经营再一次掀起了乡村微观经济组织的创新，这是在建设社会主义市场经济体制的过程中改革不断深化的结果，也是乡村经济增长方式的自我转变。农业产业化把产、销融为一体，通过规模经营和多层次加工，既提高了流通效率，又实现了产品增值，从而改变了原始产品供应状况，有效地提高了农业的经济效益。它的产生为乡村经济的再一次飞跃创造了契机，不但使乡村经济上了崭新的台阶，而且为新的历史时期妥善解决乡村劳动力过剩问题开辟了新的道路。与此同时，乡村第二、三产业的发展更为迅速，但也表现出东西部地区之间发展的不均衡。乡村工业基本进入稳步发展时期，第三产业也迅速深入乡村市场。尤其是东部沿海发达地区城乡一体化

① 农业产业化经营其实质就是用管理现代工业的办法来组织现代农业的生产和经营。它以国内外市场为导向，以提高经济效益为中心，以科技进步为支撑，围绕支柱产业和主导产品，优化组合各种生产要素，对农业和农村经济实行区域化布局、专业化生产、一体化经营、社会化服务、企业化管理，形成以市场牵龙头、龙头带基地、基地连农户，集种养加、产供销、内外贸、农科教为一体的经济管理体制和运行机制。

的趋势逐渐出现，乡村的经济体系、规划建设、村容村貌已完全摆脱了传统乡村的含义，而更多地表现出城市的特点。

进入21世纪，面对我国加入WTO（世界贸易组织）的新形势，农业产业化经营也面临新的困境。诸如很多加工企业出现产品难卖，缺乏后劲的状况；少数基层政府大搞产业化项目搞政绩工程，偏离了市场规律，失去了农民的信任，影响了农民参与的积极性；产业跨区域的发展，使产业区域等相应的管理问题日益突出。说到底，根本问题是我国农业产业化必须要有新思路、新举措，避免同发达国家在产业结构上的“趋同性”，只有这样，我国的乡村经济才能同时应对国际、国内两个市场竞争，实现互补，并为新一轮乡村规划中经济的再次腾飞开辟坦途。

中国乡村经济为我国整体国民经济的发展做出了巨大的贡献，也做出了巨大的牺牲。在21世纪建设和谐社会大背景下，新一轮乡村规划必然要体现时代特征和具有长远眼光，历史不停止前进的脚步，理想的乡村家园终将在我们手上得到实现。要勇于面对各种新生困难和挫折，牢记过去的经验与教训，探索创新，走出一条新时代乡村经济发展的崭新道路。

## 二、当今的乡村经济

### （一）打破千年的枷锁——取消农业税

2004年，对于我国广大农民来说是值得庆贺的一年，是该写进历史的一年。在这一年里我国在部分省份和地区进行了免征农业税的政策试点，这是国家解决“三农”问题的一个全新探索。至此，持续了几千年的农业税收政策，终于迎来了它谢幕的序曲，我国农民从此告别了上缴“皇粮国税”的历史。其实世界上大多数国家，一般没有针对农业的单独的税制体系，而是与其他纳税对象一样征收同样的税收，只在税率和减免等方面，多数国家广泛采取对农业的特殊优惠政策。中国，世界上唯一专门面向农民征收农业税的国家，农业税作为重要的税种，为我国建立完整的工业体系和国民经济体系发挥了重要作用，农民作为纳税人为此做出了巨大的历史性贡献。但对于收入本来不高且增长缓慢的农民来说，这也是一个沉重的负担，历史的桎梏终究要被打破，取消农业税不仅增加了农民收入，激发和调动了农民种田的积极性，也把乡村基层干部从催粮催款中解脱出来。这为乡村经济的发展和振兴创造了全新的宏观环境,是乡村经济发展史上里程碑式的大事。至2008年,农民减负增收达302亿元,全国农民普遍减负达33%,负担轻了,农民可以得到更多的实惠,更多地分享改革开放和现代化建设的成果,从而更积极地投入到新乡村经济的建设中来。同时,农业税的取消可以增强农业的竞争力。随着我国加入世贸组织过渡期的结束和市场化改革的深入,我国农业同样面临严峻挑战。通过取消农业税,提高农业综合生产能力和农产品国际竞争力,促进乡村经济健康发展。最重要的是,农业税的取消标志着我国工农业相互关系的变革在中华人民共和国成立初期经济恢复时期,通过经济"剪刀差"的形式,大量资本从农业流通到工业,从乡村流通到城市,为城市工业的发展积累了最初的原始资本,但同时乡村经济也做出了巨大的贡献。今天农业税的取消,表明我国已经进入了工业反哺农业、城市支持农村的全新时代,乡村经济已经开始为以前的付出收获回报,公共财政覆盖乡村的步伐正在加快,基层政府运转,乡村义务教育等供给正逐步由农民提供为主向政府投入为主转变。

即便如此,农业税的取消也产生一些负面效应。在某些地区,农业税虽然减免了,但其他方面巧立名目的费用随之增加了很多,农民负担并没有减轻。很多地方由于缺少了税收收入,面对不断增长的公共需求,财政压力难以承受。对于很多财力薄弱的地区,尤其对于中西部地区而言,农业税收能帮助解决中小学教师工资发放、乡镇机构转型等现实问题。取消农业税后,地方政府的这个收入缺口如何弥补,也就不能保证地方政府有足够的财力来加大对农田水利、道路、卫生和义务教育的投入。虽然国家通过转移支付资金拨给乡镇经费,但基于我国整体经济实力现状,数目极其有限,标准是每个村每年4万元,几乎是杯水车薪。但总体上说这些问题都是表面上的,有的是由于管理协调不善导致的暂时现象。乡村经济的发展不仅仅是农业经济的发展,也绝不能仅依靠农业经济的发展来支撑。随着城乡经济一体化趋势的加强,非农村经济在城乡经济中的份额日益增加,拉动作用日益增强。只要能够广寻出路、灵活经营,提高乡村经济的广度和厚度,因取消农业税引起的财政短缺问题势必迎刃而解。

### (二)目前乡村经济的构成

我国是一个农业大国,这是由历史原因以及我国人口众多的客观环境所决定的。虽然我们正在朝着工业化、信息社会努力,并取得了相当

的进展，但作为一个农业大国的状况短时间内并没有得到本质的改变。“手里有粮，心中不慌”，农业始终是我国国民经济的基础，关系着国计民生，在经济构成中有着不可替代的地位。

随着市场经济的建立和经济全球化的发展，传统的小农经济严重背离了市场化的要求。农民知识增加了，眼界开阔了，开始对生活有了更高的要求，开始对未来有了新的展望，面朝黄土背朝天的传统农民形象早已经被人们所遗弃。人们意识到如果仅仅依靠农业生产，要想实现乡村经济的飞跃增长是不现实的。不可避免地，乡村经济最终走上了漫长的产业结构调整之路，其中有乡镇企业的兴起，有农业的产业化经营，这一切都极大地改变了我国乡村的经济面貌。

1997年以来，特别是亚洲金融危机之后我国乡村进入新一轮的产业结构调整时期。通过进一步优化乡村产业结构，解放思想，实事求是，提高农业经济效益成为各地乡村经济发展的新目标。总体上看，近年来我国乡村经济构成变化特征是第一产业所占比重下降，第二、三产业比重逐渐提高，并且各产业比重的变化幅度都呈逐渐放缓的趋势。一方面，是因为乡镇企业超常规增长的时代已经结束，增长逐步理性化、市场化；另一方面，也是因为农业的产业化经营取得了良好的成效，农业产品的附加值提高，降低了第一产业比重下降的速度。可以看出，我国乡村经济已经基本脱离了农业的单一内容，而形成以农业为依托，结合加工业、工业、服务业等多种类多层次经济内容的综合经济体系。

### （三）乡村经济在国民经济中的地位

乡村经济是我国整个国民经济的基础，其发展状况直接制约着整个社会经济的发展，是我国经济发展的晴雨表。对于国民经济的发展，受到科技日益革新的影响，农业对经济的促进作用有所降低，但随着乡村工业化程度的日益提高，乡村经济对国民经济的重要性仍是不可忽视的。其中，乡村第二产业产值在国民生产总值中的比重稳步上升，乡村第三产业虽然近年来的发展速度有一定下降，但由于有一定基础，对国民经济的发展仍有积极意义。总体来说，1998年之前，乡村经济占整个国民经济的比重一直在稳步提高，而1998年之后，所占比重开始逐渐下降。主要是因为农业产值在国内总份额中比重下降较快，并且由于长期以来农民收入增长缓慢，农村市场迟迟不能打开，缺乏消费动力，乡村第三产业增长受到很大限制，远不如城市第三产业增长迅速。

要提高乡村产业经济对国民经济增长的贡献率，就要继续推动农业的产业化、规模化，使传统的农业产生更多的效益；要进一步促进乡镇企业的发展，提高企业的科技含量和产业层次，搞活经营，用全新的眼光审视国内外经济大局，结合城乡一体化的趋势，朝着集团化、现代化、国际化、知识化方向发展；要加快农业结构调整，完善乡村消费市场，提高乡村第三产业的发展速度和规模。

（四）乡村经济发展的促进因素

在乡村经济发展的历史上，我们走过弯路，但得到了教训。在那个盲目和过分自信的年代，我们未能冷静地看待发展，未能理性地思考发展，迷失了方向。历史的错误绝不能重演，新一轮的乡村规划必须从头到尾体现着科学性和规范性。因此，要想促使乡村经济向更高更远的目标前进，首先应该明确有哪些因素在影响乡村经济的发展，只有这样，我们的规划才能更有目标，更有策略。总体上说，乡村经济的促进因素主要包括四个方面：政策导向推动、科技发展推动、市场需求推动和国际竞争推动。只有在这四方面因素的合力推动下，乡村经济才能稳步、健康、日新月异的发展。

1. 政策导向推动

乡村经济的发展，经济产业结构的调整，一靠政策，二靠科技。中国的改革开放，是在国家政策引导下实行的一场社会、经济制度的变革。在改革开放的整个进程中，政策的导向作用十分关键。政府的宏观调控和引导时刻在影响着我国乡村经济的发展轨迹。但应该引起注意的是在政府引导乡村经济结构调整的过程中，要防止出现“政府失灵”，特别是在社会主义市场经济逐渐建立、完善的今天，政府对乡村经济的过多干涉，可能使经济的发展与市场的意愿脱节，使乡村资源的配置以及农户的生产经营决策背离其自身的比较优势。另外，还可能导致政府规模日益庞大，职责混乱扭曲，从而成为乡村经济市场化、开放化发展的障碍。

2. 科技发展推动

随着科学技术的发展及其应用程度的不断提高，乡村经济在受益中实现腾飞。在农业科技成果得到不断推广的背景下，传统农业生产方式发生根本变化，在改善农业生产条件的同时，农业生产率得到极大提高，农产品的质量与数量也得到保障。基于此，生产要素逐渐集中于相关领域，进一步促进了农业经济和整个乡村经济规模的扩大。也正是由于生产效率的提高，节约了大量的人力和物力，使农民从土地上解放出来，使其有更多的时间进行其他生产活动。这从根本上改变了乡村经济单一的农业生产局面，使第二、三产业在乡村这个人力资源丰富的土壤中开始生根发芽，茁壮成长。科技这个推进时代进步的利器，在改变着我国乡村经济的面貌，使其从传统小农经济迅速向现代化农业产业经济和多样化混合经济转变。

3. 市场需求推动

市场需求是乡村经济发展的根本动力机制，贯穿于整个经济发展过程的始终。市场需求及其决定的农产品价格的变化是促使乡村经济结构调整优化、促进乡村经济规模不断扩大的基本力量。根据国内外的经济发展史，虽然国家或地区的自然资源是改变农业产业结构的基础与决定性因素，但农业产业结构的变化在整体上依然遵循着“佩蒂—克拉克定律”中第一、第二、第三产业的占比变化过程。也就是随着经济的不断发展与科学技术的日新月异，第一产业国民收入和劳动力的相对比重下降，第二产业相对上升，随着经济进一步发展，第三产业也开始上升。在这一演变过程中，牧业与种植业的变化最为显著。随着人民生活的日益富足，整个社会对农产品的需要会有一定降低，并维持在相对稳定的状态，而牧业、渔业、林业方面的需求会有显著增长。因此，在保持农产品稳定增长的同时，应提高牧业、渔业、林业等方面的发展规模与速度，其结果是社会需求得到满足，以及农村经济对种植业的依赖性有一定降低，同时这份依赖会通过其他产业得到弥补。

4. 国际竞争推动

经济的全球化使中国乡村经济不得不离开国内市场的温床，参与到全球经济的大潮之中，面临国际竞争的巨大压力。如何提高其产品的市场竞争力，如何使其产业结构更加合理，如何跻身于世界产业链条的上端都成了迫在眉睫的问题。发达国家的高科技低成本的农产品，非发达国家的薄利倾销的特色农产品，都对我国转型期乡村经济构成巨大威胁，同时这些压力也在促使我国加快乡村经济结构向市场化和国际化转变的步伐，成为我国现代化乡村建设不可或缺的动力之一。

## 三、转型期的乡村经济

在充满着梦想和激情的崭新时代，乡村经济面临着怎样的发展境况呢？一如既往地挑战与机遇是发展永恒的主题，就像乡村经济永远不会停止前进的步伐，农民对新乡村家园的热烈追求永远不会消退。然而不能不感受到的是，在众多新事物、新形势不断涌现的情况下，那种有些措手不及的迷茫感觉如何来应对、如何去选择，已不仅是关系到当前的问题，而是决定着今后相当长的一段时间乡村发展的成败兴衰问题。从容地面对，我们看到了乡村经济的未来，因为我们相信，有挑战就会有动力，有机遇就会有希望。

### （一）建设新乡村的“三农”倾斜政策

几十年来，我国经历了由农业国向工业国转变，“三农”政策正是在这样一种大的经济形势下进行的选择和调整。在工业化初期，我国选择了农业养育工业的政策，即现在较为形象的说法——对农业实行“多取少予”政策，通过“剪刀差”的形式为工业发展积累了大量的原始资本。进入21世纪，我国步入工业化中期阶段，开始了从农业养殖工业向工业反哺农业政策的转变。“三农”政策的内容十分丰富，在产业、经济、财政等各方面为农村的发展开了方便之门。

实施对农村的基础教育、医疗卫生、最低生活保障、科技、文化等方面的投资建设，在全国范围内实施“全面建设农村的战略”；反哺农业，扶持农村，综合提升我国农业的整体素质和农村经济质量；通过立法和政策调控，对农业资源和环境进行有效保护，促进农业经济的可持续发展；着力进行农村产业结构调整，增加科技的投入，使我国农村经济增长方式向集约化经营发展；政府实行财政投入和信贷扶持政策，为农业和乡村经济发展提供资金支持。

“三农”政策全面向农村倾斜，回报农民，反哺农业，扶持农村，已成为现阶段城市与农村关系的基础。统筹城乡体系，支持乡村经济发展，建设社会主义新农村是我国在21世纪的主要目标之一。可以预见，乡村经济即将迎来一个崭新的发展时期。

（二）经济全球化触角的延伸

中国迄今仍然是一个农业人口占大多数的发展中国家，由于历史和国情的原因，我国乡村目前依然主要实行家庭联产承包责任制，这就造成了我国农业经济经营分散，规模普遍偏小，人均只有欧盟的1/40，美国的1/400。随着加入WTO，我国农产品将与国外产品直接竞争，农业是入世受冲击最大的行业之一，由于我国农产品的价格、品种、质量、生产规模等多方面因素的劣势，在国际竞争方面明显处于不利地位，面对激烈竞争的国际市场时将会受到巨大的压力和冲击。这也是对我国基础薄弱的农业和乡村经济的极大挑战，如何在当前提出与WTO基本原则一致的农业和乡村经济发展策略也成为摆在我们面前的严峻课题。

我国加入WTO后，乡村经济发展的目标、重点、措施都将发生新的变化，在规划和建设的过程中，不能再像过去那样目光狭隘，仅从国内或某一地区的角度来考虑乡村市场经济建设的问题，而要从世界农业竞争和发展的高度来推进乡村经济市场化建设。

第一，根据我国具体国情，突出并发展优势较大的农产品，通过不断提高国际竞争力，尽可能地占据更多国际市场份额。相比于发达国家，我国的农产品质量还有待提升，要以高品质为基础，不断提高农产品的附加价值，从而强化总体竞争能力。当前，我国粮食成本在逐年增长，玉米、小麦、大豆、棉花、油料等大宗农产品的国内售价较国外略高，国际市场竞争力在一定程度上受到削弱。但是，蔬菜类产品、畜产品、水产品、水果等农产品在国际市场的竞争力并不弱。总体而言，在我国关于出口农产品方面，相比于注重出口粮、棉、油等大宗产品，更应侧重于出口畜产品、水产品、花卉、水果、蔬菜等高附加值的农产品，通过优化调整农产品的出口结构，确保农产品的国际市场竞争力。

第二，明确国际市场需求，大力发展国外消费者需求较高的农产品，在满足国外消费者需求的同时，保证农产品的国际市场竞争力。随着国民经济的不断发展与人民生活的日益富足，人们越来越重视对自身健康的维护，环保意识显著增强，使得高端农产品逐渐占据国际市场，在绿色健康、高科技含量的支撑下，绿色食品的国际市场需求量会越来越高。顺应这个趋势和潮流，改善我国农产品在市场上的形象，建立可持续发展的良好生产意识，积极发展绿色无公害农产品，是乡村经济发展的一个新的增长点。另外，在优化调整农产品结构的基础上，应注重农

产品技术含量的提高，通过农业标准化的实行，不断试图打破国外农产品市场的“绿色壁垒”，从而提高我国农产品在国际市场中的份额。从我国农产品现状可以看出，相比于一些发达国家，我国农产品不仅在品质与附加值上有一定差距，而且在安全卫生标准方面有待进一步加强。因此，我国应不断积极探索农产品的发展之路，通过理论结合实践，提高农产品的国际市场竞争力，从而使农产品的口碑与出口规模得以扩张。

总体上说，就是要以实现农业现代化、农产品市场化为目标，以WTO对农业的需求为导向，以面对全球竞争为动力，以完善乡村市场经济体制为重点，培养和提高市场主体的整体素质，深化农产品流通体制改革，健全农产品和农业要素市场运行机制。同时，谨慎调整对外贸易政策，确立合理的关税水平，充分利用可用的关税保护空间，加大对相对弱势农业的合理贸易保护。利用国内外两个市场，扩大农业的对外合作与交流，提高农产品在国际市场上的竞争力，推动乡村经济和社会的持续、快速、健康发展。

### （三）乡村人才的流失与“空心村”的守望

随着我国城市化进程的推进和东部沿海经济的快速发展，广大乡村地区特别是经济相对欠发达的乡村地区，青壮劳动力大批流向东部沿海地区和大城市，导致本来就相对落后的乡村地区人才和劳动力缺失，乡村建设缺乏活力，经济更加萎靡不振。我们把这种由于工业化、城市化发展的吸引，乡村中有知识、懂技术、有劳动能力的年轻人去城市工作，谋求更好的发展，造成乡村人口在年龄结构、知识结构、劳动结构上出现“空心化”的乡村地区称为“空心村”。建设社会主义新农村，一项重要工作就是要认真研究和解决好贫困地区“空心村”现象的出路问题。

从地域上看，“空心村”现象在中部、西部经济不发达省份更为明显，如西南的四川、重庆、贵州，中部地区的河南、湖南、湖北及江西等都是农民工的输出大省，每年达几千万人。

“空心村”的出现为当地经济的发展带来了重重障碍。首要的问题就是乡村青壮年劳动力的缺乏。由于年轻人纷纷外出打工，把原有的责任田丢给老人、妇女，这就使本来便粗放经营的农业生产更加得不到精耕细作，甚至由于没人照料，造成大量耕地荒芜。农业经济日益衰落，乡村土地、山林、池塘等大都处于闲置状态，得不到有效合理地开发。

更为严重的问题是,“空心村”造成了乡村人才的流失。流动出去的人都是相对有文化、有能力的年轻人,而这些人是乡村经济社会发展的主体力量,应起到肩负乡村经济发展的重任。这些人由于自身基础较好,出去后比较容易找到机会,在经济发达的地区或大城市谋得一定的发展。一旦在外面站稳脚跟,很少有人会放弃对自己有利的条件回到穷困的家乡。由于人才的外流,村里没有能人带头,经济发展没有思路、没有良策,即使有了好的想法也没人落实,只能处于得过且过、观望等待状态。同时,由于知识青年的缺乏,村里没有得力的干部负责村级事务,不少村组织处于瘫痪状态,有名无实,村级工作难以开展,放任自流,不能对本村实际有所作为,积极寻求出路。这使得乡村地区更加缺乏人才与文化,如果这种情况持续相当长的一段时间,我国的城乡差距必然会进一步拉大。

针对乡村地区人口外流的问题,有人也提出了不同的看法,持乐观态度者认为,“空心村”是乡村建设到一定程度后的必然现象,它不过是乡村实现现代化建设的绊脚石,随着乡村建设程度的进一步加深,必然会在城乡一体化的进程下逐渐消失,并且认为在这个过程中也会有一些积极的影响。例如,直接增加了农民的收入,为农民发家致富积累原始资本。外出打工的农民,其收入除了满足自己的日常生活外,一般会将一部分剩余寄回家,虽然数目不多,但对于贫困地区的农民来说就很难能可贵了,对提高生活水平、改善基础设施意义重大。

整体提高了乡村青年的综合素质。过去乡村青年除了读书、当兵外并没有什么机会外出,而现在大多数有能力的青年农民几乎都外出闯荡过,开阔了视野,增长了见识。受到城市生活方式和市场经济的熏陶,他们的思维方式和生活观念都开始摆脱传统的束缚,有利于接受新事物,形成新观念,这都会促进我国的城市化进程。

解决了乡村农业产业结构和劳动力出路的问题。市场化需求的不是小农经济,而是把乡村分散的土地有机地集中起来,搞规模化经营。否则,即使有文化懂技术的人留在乡村,只种几分几亩地,也难发挥高技术的优势。乡村人口外流客观上为农业产业结构的转化创造了条件,并有利于乡村剩余劳动力向城镇的转移。

总之,“空心村”现象的出现对于乡村建设,既是不可多得的机遇,又需要面临严峻挑战,而尺度的把握与调控的失效,对乡村建设的消极影响是显而易见的。但是,如果通过合理的转型、改造和整治,通过农民外出打工的积累,可以促进乡村经济的发展。但关键之处在于地方政府如何引导，如何化不利为有利，要鼓励有能力有头脑的人承包村里遗留下来的土地，进行规模化和产业化运作，充分利用乡村既有资源。同时，挖掘外出农民中优秀的人才，积极鼓励引导外出创业成功的农民企业家带项目、带技术、带资金返乡投资创业，发挥示范作用和引领作用，这也成为乡村经济跳跃发展的一条新路。

## 四、乡村经济的振兴之路

新时期乡村的开发应该是全面的、深层次的、市场化的、资本化的立体式开发，我们应当以更加坚定的信心，进一步深化乡村经济体制改革，进一步完善乡村产业结构，进一步规范乡村市场秩序，积极引导农民走市场化经营和经济多元化之路。

### （一）创新农村经济合作组织

加入世贸组织后，竞争已在全球范围内进行。我国农业最薄弱的环节是过于分散，缺乏有效的农业经营主体和强大的农业组织体系。在激烈的市场竞争中，没有强有力的角色能站出来真正从农民的立场说话，农民经常陷入孤军奋战的境地。据海关数据，目前我国的小麦、玉米、豆油、食糖和花卉等主要的农产品进口都比以往大幅增长，与此相反，我国的农产品出口却遇到很大困难。不仅如此，在国内市场，由于农民经营的分散性和组织的不利性，以及销售地区内的无序竞争，加之市场农产品标准要求的不断提高，都阻碍了农产品商品优势、市场优势的转化，导致的结果便是农业增产不增收。相反，在发达国家我们可以看到各种各样的农民经济组织，如各种专业协会、专业合作社等。这些组织不仅有很强的自我服务功能，而且在农产品的全球性贸易竞争过程中有很强的对话能力，处于十分有利的谈判地位。农民们加入这些组织后，不仅获得了更多的信息和指导，而且避免了直面市场的迷茫，一切都由组织机构统一解决。

在这种情况下，农村合作经济组织应运而生。农村合作经济组织是适应农业市场经济发展的需要而产生的，是社会主义市场经济条件下由农民自发创建的一种新型的农村经营组织形式，是同类农产品的生产经营者以及同类农业生产经营服务的提供者按照自愿、民主、平等、互利的原则组织起来，自我管理、自我服务，通过会员合作，为会员提供生产

和生活服务,维护会员共同利益。当前,我们应当抓住各地大力发展农业产业化经营,积极发展外向型农业,国家给予农村的扶贫资金逐年加大的有利时机,因势利导,适时地推进农村合作经济组织的发展。

发展农村合作经济组织的意义是显而易见的,可以降低农民进入市场的门槛和提高农民组织化的程度,将千家万户的小生产者结合起来,有助于解决那些基层组织统不了,政府部门包不了,单家独户办不了的事情。在农户企业、政府市场之间搭起桥梁,解决农业生产、加工、流通相互脱节的矛盾,有利于农业经济效益的实现,能有效增加农民的收入。通过有效组织,可以提高农产品产业化经营的程度,完善农业的产业结构。通过农产品的加工和合理的流通销售环节,获得更多的利润返还给成员是促进乡村经济多元化的重要手段。专业合作经济组织通过发挥其桥梁纽带的作用,将农户和龙头企业联系起来。改变产品单一、附加值低的情况,形成一村一品、一乡一业的专业化、规模化格局,提升农产品品牌效应和市场竞争力。合作经济组织的发展,是实现城乡经济协调发展的重要保障。通过推动农业产业化经营,提高农业现代化水平,促进城乡之间人才、资金、资源的有效整合,实现城乡同步发展,有利于均衡城乡富裕程度,带动城乡各项社会经济事业的全面进步。因此,要更快更好的发展乡村经济,必须加强农村经济合作组织的发展。

农村合作经济组织是在家庭联产承包责任制基础上的又一次农村经营体制的创新和变革。它进一步适应了现代市场经济发展的需求,改善了农村的生产关系,使农村的生产力水平再一次得到提升。鼓励扶持农村经济合作组织的发展,与全面建成小康社会、建设社会主义新农村的要求完全一致,这是从战略和全局的高度,从统筹城乡经济社会发展的角度对我们提出的新要求。

### (二)全新视角的产业化发展

农业产业化是农业由传统生产部门转变为现代产业部门的必经历程,产业化经营是市场农业的基本经营方式。在产业化经营的带动下,农业能够摆脱低效益、小规模的限制,以市场为导向,以企业为依托,以农户参与为基础,以科技服务为手段,将农业生产过程产前、产中、产后诸环节联结为一个完善的产业系统。农业产业化作为农业和乡村经济发展的一种新型生产组织形式,在实践中已经取得了显著的经济效益和社会效益,具有极大的发展空间。可以说,农业产业化是我国农业发展的必然选择,也是增加农民收入的重要途径。

在我国,目前农业仍处于弱质产业地位,农产品加工转化程度低,农业的综合效益和比较效益低,农业经济长久依靠规模分散的初级农产品的生产与销售,农民收入增长缓慢,乡村经济始终达不到质的变化,这是当前乡村工作的一个突出的问题,也是关系国民经济发展全局的一个大问题。农业产业化经营,就是要把产、加、销各环节有机结合在一起,大力发展农产品深加工、精加工,实现农产品的产业升级。将产品转化升值,能够取得更多的经济效益,并且农民不仅能获得生产环节的利润,也能分享到加工和销售环节的利润。

将农业进行产业化经营是我国农业经营体制的又一次深刻变化,是对目前我国统分结合双重经营体制的完善和落实。通过发展产业化经营,可以在更大的范围和更高的层次上实现农业资源的优化配置,转变农业增长方式,带动千家万户按照市场需求,进行专业化、集约化生产;可以对我国农业结构进行战略性调整,使农业产品线丰富化、层次化,全面推进现阶段我国农业的技术创新、组织创新和制度创新;可以提高我国农业的竞争力,造就一大批有竞争力的龙头企业,通过进行专业化、标准化、规模化生产,充分发挥家庭经营和农村劳动力成本较低的优势,再依靠精深加工和提高科技含量,创造出一批有较强竞争力的名牌农产品。

对于我国农业的产业化经营,山东潍坊是最早发源地,以诸城肉鸡与寿光蔬菜而闻名。20 世纪 80 年代起,诸城将外贸公司作为龙头,大力发展肉鸡贸易,同时促进农、工的一体化经营。通过外贸公司对国外先进设备与优良品种的引入,先后建立肉鸡繁殖场、饲料加工厂、屠宰冷冻厂,并与日本商人建立相对稳定的贸易关系,以保障肉鸡的产品外销。当养鸡户肉鸡的生产与销售较为稳定后,公司的货源能够确保持续稳定的供应,使得市场规模不断扩大。当时肉鸡养殖户可以养上万只鸡,轻而易举地成为万元户,摆脱了贫困。外贸公司经过多年的发展,形成了肉鸡从生产到售后服务的一体化综合经营实体。诸城肉鸡成熟的经营模式为在全国推行“公司+农户”的经营树立了榜样。

寿光市历史上就是农业大县,蔬菜生产史悠久,源远流长,是国家命名的唯一的“中国蔬菜之乡”。家庭承包经营应用于农业后,寿光蔬菜突破了自产自销的限制,在不断发展中外销行情越来越好,外销批发市场的规模也越来越大。在蔬菜批发市场的支撑下,寿光蔬菜实现了专业化、规模化、区域化发展,随着口碑的提升,其市场前景也是喜人的。全

国20多个省、市、自治区的蔬菜来此大量交易,是中国北方最大的蔬菜集散中心、价格形成中心和信息交流中心。寿光靠自己的努力走出了一条以批发带动市场的蔬菜产业化经营之路。

从总体上来说,经过一段时间的发展,我国农业产业化有了可喜的进步,但不可否认的是,整体发展还处于初级水平。第一,虽然现在全国发展农业产业化的积极性很高,但目前规模大、实力强、辐射范围广、带动力强的龙头企业数量还比较少。第二,现代科技在农业生产、加工与销售各个环节的含量较低,产品附加值低。第三,产业化的组织程度有待提高,利益联结机制松散。虽然存在以上问题,但部分地区、部分产品的产业化发展已出现不同程度的突破,带来了新的气象。这非常有助于带动农业产业化总体发展水平的提高,预示着我国农业产业化向高水准的蜕变即将到来。

### (三)依托自身资源发展特色经济

我国乡村经济还有一个特点是其同质性太多,农业生产的示范作用太大,提供"相同"的产品反应迅速。产品一同就多,一多就贱,这是市场规则。传统乡村经济经常会陷入"多了砍,少了赶"的怪圈。要打破这种恶性循环,脱离这种困境,根本的出路在于发展"特色经济",选择农业经济差异化,避开竞争劣势形成自己的核心竞争力。发展特色,走不同于别人的发展道路,可以是市场发现,可以是专家咨询发现,同样可以是农户、企业自发发现。

图1-5　安徽宏村自然风光

广大乡村地区不是缺乏资源，而是因为没有好好寻找；乡村经济的发展不是没有道路，而是因为没能好好思考。传统农业产业的发展遇到瓶颈，经济发展徘徊不前的时候，不妨更新一下思维，转变一下观念。事实上，我们经常会“不识庐山真面目，只缘身在此山中”，很多东西虽然在乡村是个“草”，其实在市场是个“宝”，却迟迟得不到开发，实现不了价值。广大乡村地区特产资源一般比较丰富，并且生态环境好、污染少，发展特色经济有着得天独厚的条件。

近年来，发展特色农业经济的呼声日益增高，产生了很多令人耳目一新的经济增长方式，其中多少令人有些意外的是以农业观光、农业体验、农村休闲度假等为主的乡村旅游经济的快速发展。人们惊奇地发现原来自己多少年来一直从事的农业生产本身就是一种旅游资源。

休闲观光农业是在充分利用现有农业资源的基础上，通过以旅游内涵为主题的规划设计与实施，集生态、农业、旅游为一体的新兴产业。它将农事活动、自然风光、科技示范、环境保护、亲身体验等融为一体，生态、生产、生活相结合，使旅游者能够充分领略农业艺术与自然情趣。休闲观光农业打破了传统农业单一、孤立、封闭的形态，延伸和发展了农业的功能，是兼容生产、社会、生态、文化等多种功能的新型产业。除了直接促进农业发展外，还带动了农产品加工、商贸、交通、饮食、服务等相关行业的发展，成为乡村经济新的增长点。休闲观光农业的产生，实际上是市场化发展的附属产物，其地域空间应该划定在城市郊区。为了更好地实现其经济效益，必须具有较为有效的规划管理，科技和人才是其保障。同时，必须要依据客观情况合理发展，不能盲目跟风。

发展休闲观光农业有众多成功的例子。比如，浙江绍兴稽东镇山娃子农庄以得天独厚的山林景观为基础，相继建立了珍禽养殖与无公害蔬菜示范基地，往来的游客可以观看美丽的乡村风光，品尝原汁原味的农家菜，还可以于溪流、田野之间垂钓，享受得之不易的惬意。其中，珍禽养殖场为农庄带来了不小的收益，在一定程度上促进了高山蔬菜的种植，并由农庄负责销售，让种植蔬菜的农民得到相当可观的经济效益。

除休闲农业外，很多乡村依托自己传统的特色产品和资源优势，以开阔的视角和豪迈的气概走出了一条条通向富裕的特色经济之路。福建省连城县赖源乡毛竹资源丰富，该乡大力实施科技兴竹战略，建立了苦笋竹基地，出台各项优惠政策鼓励农民管好竹山，为竹山劈杂、垦覆、施肥，不断提高毛竹的含金量。该乡还积极引进外来资金搞加工，不断提高毛竹附加值，相继成立各类竹木加工企业。投资办起的竹地板厂，生产竹地板、竹筷半成品销往浙江、上海等地。有村民到浙江拜师学艺后，回赖源办起竹根雕厂，开发多种竹雕产品，销往国内外，效益十分可观。

福建古田大桥镇则另辟蹊径，在镇党委政府的领导下，农民在高海拔地区种植高山反季节蔬菜，有白菜、花菜、芹菜等品种。蔬菜主要销往福州、泉州和厦门一带，种植一季每亩纯收入相当可观。

# 第二章　乡村人居环境简述

## 第一节　人居环境释义

顾名思义,人居环境就是人类居住生活的地方,人类的大多数生存活动都会在人居环境中开展。正是有人居环境的存在,人类才能更好地生存于变幻莫测的大自然中,不仅没有被大自然击垮,反而得到了利用自然、改造自然的契机。根据对人类生存活动的影响与作用,人居环境在空间上可分为两大部分,即人工建筑系统与生态绿地系统。

曾有人言,作为一个整体的科学是可以看作一个庞大的研究纲领的,其内在力量对人们认识世界、改变世界都具有积极意义与影响。人居环境科学是以地区开发、城乡发展及其存在的各种问题为中心进行研究的综合性学科,它与人类居住环境的形成与发展息息相关,涵盖了人文科学、技术科学、自然科学等学科体系,涉及的领域相当广泛。总而言之,人居环境科学就是以人居环境为主要对象进行研究的过程与成果。

人居环境科学的研究前提有很多方面,具体如下。

(1)“人”是人居环境的核心,满足“人类居住”是人居环境研究的主要目的。

(2)人居环境以大自然为基础,人们的生产生活以及对人居环境的建设都要以自然背景为依托。

(3)人对人居环境进行创造,人居环境对人产生不同程度的影响。

(4)人居环境内容繁杂。以人居环境为基础,人们对社会进行不断构建与完善,并进行反复的社会活动。为了进一步开展社会活动,人居

环境的规模越来越大，复杂程度也越来越高，最终构建错综复杂的人居环境内容。

（5）人居环境是人与自然产生关联并相互作用的中介，而人居环境建设本就是为了促进人与自然的联系并相互作用。随着人居环境理想化程度的不断提高，有助于实现人与自然的和谐统一，也就是古人常说的“天人合一”。在人居环境的帮助下，人们能够更好地改造自然，服务于自然，并反馈于人类自身，获得更好的发展。

图 2-1　中式江南园林

## 第二节　乡村人居环境的构成与建设原则

### 一、人居环境的构成

#### （一）就内容而言，人居环境包括五大系统

对于人居环境的研究，本书借鉴了“人类聚居学[1]”，通过系统观念，将人居环境的内容分解为五大系统。

① 人类聚居学是希腊建筑师 C.A. 杜克塞迪斯在 20 世纪 50 年代创立的研究人类聚居的理论，又称“城市居住规划学”“人类环境生态学”。1965 年，在希腊雅典成立人类聚居学世界学会。

1. 自然系统

自然是一个相当广泛的概念，可包括气候、地理、地形、土地、资源，甚至是动物、植物、土地利用、环境分析等诸多方面。对于自然环境与生态环境而言，它们不仅是人类聚居的重要基础，还是人类安身立命的根本。自然环境的变化是不可弥补的，也是很难改变的。自然资源普遍具有不可替代性，尤其是不可再生资源。

自然系统注重关乎人居环境的自然系统机制、运行原理以及理论与实践的研究分析。比如，城市可持续发展与水资源利用、人居环境建设与自然环境保护、生物多样性的保护与开发、人居环境与土地利用变迁的关系、土地资源的保护与利用、城市生态系统与区域环境等。

随着现代化的推进，全球城市人口比例迅速提高，这时对于地球生态环境问题应该予以更高的关注度。比如，绿色空间，社会科学家芒福德认为，在城乡建设的过程中，休闲地带、绿色空间是非常重要的，但荒野地区的重要性也是不可忽视的，它是人类生存所必须具备的。

直到 19 世纪，美国开始认识到荒野的重要性，它是人类社区的重要组成部分。美国联邦政府规定，美丽的自然景观不可成为人类的永久居住区，并且这些自然景观将受到国家政策的保护。1872 年，世界上建立的第一个国家公园——黄石国家公园[①]就是其中一个受到保护的自然景观。对于区域文化的发展，黄石国家公园的建立及其受到保护是具有积极意义与影响的，它表明了原始荒野是一种文明生活的体现，不可因为经济利益而大肆改造自然环境，自然景观不仅是一种生态资源，还是一种社会文化[②]资源。在欣赏震撼人心的风景名胜时，我们应纠正自己的审美观念，因为大自然的每个角落都是赋予人类的宝贵财富，对于荒野，要懂得欣赏它的美。需要强调的是，绿色空间的观赏功能只是重要基础，更重要的是保护面临破坏的绿色空间。

---

① 黄石国家公园简称“黄石公园”，由美国国家公园管理局负责管理。1872 年 3 月 1 日它被正式命名为保护野生动物和自然资源的国家公园，于 1978 年被列入《世界遗产名录》的世界自然遗产，这是世界上第一个国家公园。

② 社会的文化结构主要是由社会意识形态构成的，是以社会意识形态为主要内容的观念体系的基本结构。社会意识形态是指反映一定社会经济形态且也反映一定阶级或社会集团的利益和要求的观念体系。那些不反映一定社会集团的利益和要求，在阶级社会中不具有阶级性的意识形态，如自然科学、语言学、形式逻辑等，这些非意识形态也是社会文化结构中的重要组成部分。

2. 人类系统

人类在不断改造自然的过程中，逐渐形成了现在的人类社会。

人类系统指的是个体聚居者注重关于物质需求以及人的行为、心理、生理等的机制及其原理与理论的分析。

人类可以说是地球上生命有机体的最高形式，同时是基于生产发展逐渐形成的以社会为关系纽带的高级动物。在人类不断发展的过程中，随着文明程度的不断提高，人类的基本需求也在不断提高并发生变化，具体如下。

（1）生理需求。这一需要可分为两种，一种是对基础生存物质的需求，如食物、氧气、水、睡眠等；另一种相对特殊，是心理上的需求。

（2）尊重需求。这一需求主要包括自尊以及他人对自己的尊重。

（3）安全需求。这一需求可分为两个相对较大并对立的概念，即生理安全需求与心理安全需求。

（4）归属需求。这一需求指被集体接纳而获得归属感，并在其中感受到爱与被爱。

（5）个人价值实现需求。这一需求主要是通过不断地自我发展与完善，在特定条件下发挥个人能力，实现自身价值。

不论是生理上的需求还是心理上的需求，都不是一成不变的。同时，在这些需求的演变过程中，是呈波浪式发展的，而不是阶梯式的持续上升。

3. 社会系统

人居环境不属于个人，个人也难以创造人居环境，它是人们共同创造并共处的居住环境，人们在这一相对稳定的人居环境里聚居，并开展群众性活动。随着人们共同生存、共同活动的程度越来越高，社会逐渐形成并发展，使得人们相互之间的关联性越来越强。人居环境的社会系统包括很多方面，如社会关系、文化特征、经济发展、人口趋势、社会分化、公共管理与法律、社会福利与健康等。涉及以人群为基础组成的社会团队互相交往的体系，包括由不同的社会关系、社会阶层等的人群组成的系统，以及相关的机制、原理、理论与分析。

通过人的生产生活活动，社会实现变化与发展，因此社会的方方面面都存在人的生产生活活动，并相互发生作用。人们为了获得更加良好

的生产生活资料而构成的生产关系是生产的社会形式；社会生产是人类对大自然进行改造的活动。相比于传统建设观点，人居环境建设的迥异之处是用“聚居论”的观点看待人们的生活环境，使得我们既能看到聚落“空间”与“实体”的各方面，又能看到生活于其中的人们的“行为”。

社会属性是人的基本属性之一，这一属性决定了人们需要通过分工协作，作用于不同的活动，以更好地实现自身需要。因此，对于各种生活空间，需要进行合理的组织。在空间结构与地域结构上，人居环境应与“人与人”的关系特点相适应，其中包括不同年龄之间、不同家庭之间、家庭内部之间、不同层级之间以及当地居民与外来者之间的各种关系，以促进社会和谐幸福的实现。因此，对乡村建设与区域可持续发展、城市建设与社区管理等应给予足够的重视。在人居环境建设中，要重视社会公平与人的自身价值。本质而言，公平不仅是纯粹的经济学概念，还具有关于伦理学的意义。比如，中国社区建设应根据具体国情，着力于“强势群体”的建筑区。对于各类人居环境建设，必须注重人的活动，这是人居环境科学存在的根本意义。

4. 居住系统

居住系统是一个相当广泛的概念，包括社区设施、住宅等很多方面，不仅是社会系统，还是人类系统，都需要对居住物质环境及其艺术特征进行合理利用。

当前，居住问题仍是人类的重大问题与讨论课题，由于我国人口过多，这一问题是我国上至高层领导、下至中国公民都不可忽视的。对于住房而言，不可单单认为是实用商品，还应将其看作促进社会进步的有力武器。

一般情况下，城市对于个人而言既是生活区域，又是公共场所，这是由其职能所决定的。人们在城市中共同生活、共同活动，因此怎样安排公共空间及其他类似空间可以说是人居环境研究的重要课题，具有一定的战略意义。

5. 支撑系统

支撑系统主要指的是人类居住区的基础设施，涵盖很多方面。比如，由铁路、公路、航空、水路等构成的交通系统，自来水、污水处理、能源等公共服务设施系统，计算机信息系统、通信系统、物质环境规划等。对

于支撑系统的概念，可以理解为支持人类的生产生活活动，为聚居区服务，并使聚居区形成一个整体的所有技术支持保障系统、人工自然联系系统，以及行政、教育、法律、经济体系等。支撑系统会对其他层次与系统产生影响，并且影响极大，如建筑业发展与形式的变更等。

需要指出的是，之所以划分上述五大系统，只是为了便于研究与讨论问题，应看清这些系统之间的关联性。比如，芒福德曾从生态学的角度出发，将人类视为自然界的组成部分，强调环境的作用与生物的总体性。地球的所有生命体共同构成一个整体，在地球生态圈的作用下，这个整体的全部需要得到满足，并生成远远超过整体中部分之和的功能。同理，良好人居环境的取得也不能只注重其中各个部分的建设与发展，还要认识到整体圆满的重要性；既满足"社会的人"在社会文化环境中的多种条件，即满足人文环境，又满足"生物的人"在生物圈内存在的多种条件，即满足生态环境。

### （二）就级别而言，人居环境包括五大层次

人居环境的层次观同样是重大问题。对于相同层次的人居环境单元，不仅居民量有很大差距，还使得内容与质发生改变。

在"人类聚居学"中，层次观念较为突出。在人类聚居建设的过程中，对于聚居的类型与规模，人们不具有统一的认知，使得概念混淆时有发生，于是"人类聚居学"的奠基人提出建议，应以统一的尺度标准为依据，科学划分人类聚居的类型与规模。同时，他以自身的实践经验为前提，进行了相当长一段时间的思考与总结，提出人类聚居分析的大致框架，也就是通过对比人类聚居的人口规模与土地面积，将人类聚居系统分为 15 个单元。另外，他指出这 15 个单元可分为三大层次，第一次层次从个人到邻里，是较小规模的人类聚居；第二层次从城镇到大城市，是中等规模的人类聚居；第三层次也就是剩下的 5 个单元，为大规模的人类聚居。对于各层次的人类聚居单元，特征大致相同。

后来，"人类聚居学"的奠基人在《建设安托邦》中简化了这 15 个单元，归纳总结为 10 个层次：一是家具，二是居室，三是住宅，四是居住组团，五是邻里，六是城市，七是大都市，八是城市连绵区，九是城市洲，十是普世城。

基于人类聚居的类型与规模，对其进行相对细致的层次划分是十分必要的，不仅有助于统一人居环境的概念，还方便了人居环境研究的开

展。为了便于介绍,本书以上述理论为基础,以我国相关的实际国情为依据,将人居环境科学简化为五大层次,即全球、国家与区域、城市、社区(邻里)、建筑。需要指出的是,之所以划分这五大层次,是为了提高研究的便捷性。在开展具体研究的过程中,可将实际情况作为依据,对人居环境科学的划分做出更改,同时确定侧重点。

根据我国的当前情况,我国经济发展迅速的地区也是耕地生产力更高的地区,不论是城市还是村镇,在发展规模上都相对较大,使得耕地的占有量也越来越多。在提高粮食产量方面,不仅要注重现代化的发展,还应意识到改善土壤质量的重要性,在发展城市与村镇经济的过程中,应尽量维持耕地的稳定性,这也是研究人居环境建设的重要课题。对耕地与粮食供给的保护,是人居环境建设的重要条件。根据当前国情,在确定耕地面积稳定性的同时,应促进综合治理生态环境,通过提高耕地、草、林的配置的合理性,确保耕地生产力的稳定发挥。此外,应提高水土保持工作的科学性,通过更好地对水土流失进行治理,提高水土资源的利用率,以促进农业与畜牧业的持续性建设与发展。

1. 全球

在对人居环境进行研究的过程中,应以全球环境与发展的视野为出发点,尤其要重视对全球造成直接影响的重大问题。比如,考虑全球气候变暖、生物多样性丧失、土地沙漠化、环境污染、温室效应、热带雨林的破坏、能源与水资源短缺等人类共同面对的重大问题,通过提高对这些问题的重视程度,寻求可持续发展的新契机。

经济全球化已是历史发展潮流,并且不因人的意志而发生变化。世界资本主义经过几百年的发展,已经突破到更高阶段,全球劳务分工逐渐取代高度的区域化生产,功能性城市网络是全球经济所需要的,以对空间积累的过程进行支配。在这一过程中,世界城市对较大地区进行了整合,并成为该地区的经济金融中心,也可以说是“控制中心”。对此,应保持极高的重视程度,在全球视野下,对跨地区、跨国的城市发展动态进行科学、合理地分析。

对于国际大都市,也要从全球视野下图谋发展,这种例子有很多。比如,韩国首尔东黄海水浒城进行建设的过程中,对环渤海城镇体系开展了大量研究后才做出相应规划;加拿大、美国西海岸,曾对环太平洋地区的城市化与经济情况予以足够的关注。例子还有很多,在此不一一

列举，总而言之，我国要重视未来全球在人居环境建设方面的相关信息。

2. 国家与区域

在西欧的许多国家中，城市建设最成功的一个案例在荷兰。荷兰为城市建设所做出的政策内容是依据社会的真实需要所确定下来的，该政策实际形成的时间是在第二次世界大战之后，并在岁月的长河中逐渐得到发展。从政策形成开始到如今已经过去了很长一段时间，但在这段时间中，如果想让政策更有效果，就需要不断对其进行调整与修正。

荷兰对于城市的规划之所以能够有明显的效果并且成为世界公认的一个典范，因为它将自身拥有的有限资源都充分地利用了起来，再搭配上国家为其制定得正确的规划以及有效的管理政策，让区域做到发展的同时不会因为人口过度密集而产生建设环境混乱的现象。

分析荷兰的城市规划能够发现一共有两个方面的重要内容：一方面是人口密度以及能够利用的国家资源；另一方面是在区域发展的过程中，国家的政策对其产生的影响。这两方面的内容是存在深层联系的。荷兰所做出的规划政策是符合本国社会经济现状的，其具有的最大的特点就是能够充分地考虑各相关因素，尤其重视自然因素，并且具有一定的综合性。其政策的内容涵盖了对绿地的保护，对城市发展的控制，对环境的保护，并具有一定的团体倾向性和个体倾向性，并且生态感满满。在制定规划和实施规划时，荷兰还规划了一种序列关系，该关系主要存在于国家、省级与地方之间。

分析荷兰的城市规划可以发现，其主要在于解决三个问题，即人口分布的问题、城市发展控制的问题以及土地再系统的问题。对比我国在城市规划上的探索内容，其中有两项原则上的内容是相同的：一是解决自然环境问题，二是解决人居环境问题，总体来说就是解决区域发展过程中各个方面的问题。

但由于中国的地理范围比较大，各个地区的自然环境各不相同，因此针对每个问题所做出的研究成果，在实施的过程中还是困难重重的。从气候来讲，中国有的地区干旱，但有的地区湿润；从温度来讲，中国有的地区温暖，有的地区寒冷；从地形来讲，中国有的地区是山地，有的地区是平原。除此之外，不同的地区其基础设施建设和文化历史背景等也都各不相同，人们居住环境也因这些不同点走向了不同的发展道路，导致在发展上，其不平衡性是十分明显的。比如，中国东部的沿海地区属

于发达地区，中国的中部特别是西部地区属于不发达地区，这些内容都会影响城市的规划和建设，其中最重要的内容就是区域视野。

在我国的东部沿海地区，已经不再处于以城市为中心的城市化进程中，而是正步入以区域范围为基础的新阶段；在我国的欠发达地区，针对地区的各项条件，依旧需要实施以城市为中心的城市化进程。在我国的城市化进程中，大城市地区受到越来越多的关注，其经济可持续性和环境可持续性的特征也逐渐显现了出来。

3. 城市

在建设人民居住的环境时，城市建设规划所包含的问题有很多，其中最集中和最复杂的问题也都在城市建设之中，而针对这些问题我们一定要做到从整体出发。这些问题的主要内容有五个。第一个为利用土地和保护生态环境，在所有的问题中，这是最核心的内容，但是关于这个问题还没有太深的研究。第二个为用于支撑的系统，指的是一般的基础设施建设，包括交通建设、能源建设以及通信建设等。第三个内容为对不同类型建筑群体的组织，首要的建筑类型就是住房，为了保证社会的稳定还需要对居民居住的环境进行改善，对于居民住宅区域的规划和公共建筑的建设都要加以重视。第四个内容为环境保护，想要让城市变得健康，就要在密集的城市之中改变其环境的质量，要预备好有效的防护措施来预防各类灾害以及对环境的污染。第五个为城市环境艺术，城市的好与坏并不是由建筑物的多少来决定的，而是依靠良好的环境形成的。

4. 社区（邻里）

在建筑物与城市之间存在一个中间层，即社区，也是一个极其重要的存在。社区按照不同的标准有不同的分类，从城市结构系统来看，社区可分为片区和分区；从城乡关系来看，社区可分为村镇、小城镇等；如果按照社会组织的不同，社会也可被称作邻里。依照《联合国人居中心社区发展方案》，社区的作用是十分广泛的，包括为居民创造就业的机会、为居民建造合适的住宅、提高居民保护环境的意识以及对环境进行管理等，在社区管理的内容上，还可以在领导者和决策者的指导下，将权利进行下放，并让公众参与其中。

5. 建筑

从古时候开始,人们就需要用于遮风挡雨、躲避寒暑的场所,基于此目的建造出来的就是建筑。当建筑满足了人们的需求之后,就在其中加入了技术和工艺,从而产生了建筑学。在这一系列的发展进程中,既有物质类的产品又有精神类的产品,人类的文明在其发展的过程中得到了进步。

针对城市建设业,如果想要完全理解它只依靠"建筑"的概念是没有办法完成的,人们还需要对"聚居"这一概念有深刻的理解,对特大城市建筑发展的情况、城市地区建筑发展的情况以及在环境建设中人们所提出的各项要求等,也同样需要对"聚居"的概念有所理解。

只有社会的生产力以及生产技术得到了发展建筑才能发展起来。建筑同社会中各个方面的内容都存在一定的关系,包括科学技术的发展、社会的发展、人们生活环境的改善以及文化艺术的发展等。这些内容是一个整体的内容,而其最终的目标都是为了改善人们的生活质量,满足人们的各项需求,包括精神需求和物质需求两种。

对区域的规划和对国土的规划存在意义是十分重要的:其一,城市体系包含大规模城市、中等规模城市以及小规模城市,其在规划下能够得到协调发展;其二,城乡之间能够协调发展;其三,居住生活能够同居住的环境相结合。

## 二、人居环境建设的五大原则

在对全球性的问题以及中国的各项问题进行思考的同时,在21世纪的今天也要对人们居住的环境问题进行考虑,并在问题的轮廓上产生共识,主要内容有以下几点。

### (一)正视生态的困境,提高生态保护意识

自然同人类之间一直都是相互依存的存在,然而人类对自然从一开始的小破坏发展成越来越严重的破坏,当大自然承受不住人类的破坏后,开始对人类实施"报复",而人类也只有在经历了财产的损失、生命的丧失、身处于一个又一个的困境之中才意识到,人类与自然之间的

相互依存并不代表自然归属于人类，相反，人类始终都是自然中的一部分，因此人类想要将自己保护好，就需要将生物多样性保护好，就需要将生态环境保护好。

世界上的人口越来越多，社会的发展越来越迅速，种种因素都使中国资源短缺的问题和环境恶化的问题变得更加严峻。中国的土壤、空气以及水体在城乡工业顺利发展的情境下一直被污染着，最基础的自然条件也发生了改变，有一些地区的自然资源早就因为生态平衡的破坏丧失了其本身拥有的恢复和净化能力，同时生态系统的运行机制也同样遭到了严重的破坏。

如今的自然生态环境，因城市的发展、农民的过度放牧以及土地的过度开垦等问题，逐渐朝着破碎化和荒漠的方向发展着，最终造成生物多样性的急剧减少、越来越多的物种灭绝、土地不断沙化，人们生活的生态系统是十分敏感和脆弱的，然而追求发展的过程中却对其不断地进行分割与挤压。自然生态系统是一个整体，人们在对其中的某一部分进行破坏，或使其发生改变的同时也是在对我们的自然生存造成威胁。

由此可见，中国在21世纪的主要发展内容就是可持续发展，这也是结合许多年人类社会发展的经验所产生的结论。

但是我们对于环境的问题还没有深入的认识，没有对人类同自然之间的不协调性产生认识，人们缺少对国情的忧患意识，缺少对环境问题的深入研究，缺少对复杂问题的深入理解，同时还缺少具有效力的策略去解决人口压力、环境破坏以及自然灾害等问题。因此，国家需要加紧对保护生态环境的教育，让人民认识到由环境问题所造成的危机，在制定规划的过程中添加更多的关于生态问题的研究内容，始终坚持可持续发展战略，并提升规划的质量，在协调社会、经济、文化与环境的同时，以发展生态作为基础内容，还要加强协调区域之间的发展和城乡之间的发展，让生态在区域内始终保持其完整性。

在土地规划上，要对土地进行综合的利用与规划，并形成一种空间体系与分区系统，对一系列的建设活动与旅游活动等都进行适当的调节，并做出一定的限制。有一些自然地区是极其敏感且涵盖了多个物种的，要减少和阻止这些地区因受到污染而产生的退化，可以为旅游者提供一个缓冲区，让他们既能达到旅游观景的目的，又能保证持续性开发和有效性保护同时进行。

为保证区域空间可以协调发展，需要建立一定的管理制度和规划机

制，让人民加深环境教育和法治意识，让人们更多地参与进对环境的保护之中，从整体角度让城乡能得到可持续的发展，并减少会对自然环境造成破坏的建设活动，建立生态建筑。

### （二）人居环境建设与经济发展良性互动

如今的城乡建设已经不再是生产力低下时所做的建设工作，和20世纪末相比，现在的建设速度要更快，建设的规模要更大，所花费的资源与资金要更多，涉及的范围要更全面，建设的尺度也更大。在如今的经济活动中，一项重大内容就是建设人居环境，这主要表现在两点。

第一，城市化的进程也随着社会经济的发展得到了推进。例如，由于温州的地区经济得到了发展，使得附近的地区也得到了发展，农民在这种发展下，开始建起了城镇，同时城市化还提升了物质环境的质量，使交通通信变得更加发达，进而促进了城市经济繁荣发展。

第二，想要得到更多的积累，就需要有更多的投入，所以在土地建设和城乡建设中需要使用更加先进的技术，需要建立更加新兴的部门，提供更多的就业机会，对经济结构及时做出调整，对地区分布生产力也做出调整，从而改善人们的物质生活，让国民的经济实力得到增强，并且要知道，这些内容都是十分重要的。

就目前的情况来看，在我国的国民经济中，与作为支柱产业住宅建设相关的人口约有12亿，需要注意的是，能够对经济发展产生较深影响的主要是对基础设施的建设。在建设的过程中，中国和其他国家之间的联系也紧密了起来，对于建设也产生了许多全新的要求，针对这些要求，就需要为建设提出许多带有科学性的决策内容，对建设任务进行详细的研究，做出完整的规划，为节省人力和物力等资源，要严格按照科学规律和经济规律进行。如果在建设过程中发生了失误性的决策，其造成的浪费将会是最为严重的。

在建设中存在一个名叫“经济时空观”的概念，其具体指的是在建设活动中，对于建设的成本以及建设的效益都要进行综合分析，在提升建设过程中每个环节的生产力的同时，需要对现实中的各项条件加以考虑。

在建设的过程中需要注意不能对资源造成浪费，因为人居环境建设会受到制约的最客观的条件就在于没有节约资源。我们所建立的社会主义市场经济体制，就是在让经济从粗放型的增长方式转变为集约型的

增长方式，而人居环境建设过程中的资源矛盾问题，将在这样的条件下完全地显现出来。由此可见，为保证我国经济的可持续发展，保证我国人居环境建设的可持续发展，一定要节约利用资源。

（三）发展科学技术，推动经济发展和社会繁荣

在人类社会中能够对其发展产生巨大推动作用的就是科学技术，同时对社会生活也同样会产生推动作用，其中社会生活包括城市的发展、建筑的发展以及区域的发展等。

ISOCARP《千年报告》中提出，城市的规划以及区域的规划都会因为新技术的出现而产生一些改变，同时新技术对于城市的发展也会产生影响，并且影响的范围较为广泛。

人类社会因科技的出现而发生的变化是多方面的，关于技术的作用需要人们从众多的方面对其进行探究，包括社会方面、哲学方面以及文化方面等，并在研究之后对科技成果加以适当的应用，在人居环境建设的过程中也同样需要应用到。如果在建设的过程中出现了一些困难，也可以通过科学技术的办法对其进行解决。

人们最大的财富就是生活的方式具有多样性，而之所以会产生这种多样性，是因为人们生活的地区之间存在着差异，不同地区之间的社会经济发展也不平衡，科学技术发展的层次也各不相同。

虽然新的科学技术已经出现，但是从世界范围内来看，人居环境的建设并不会因为这些技术的出现而成为一种全新的产业，它依旧是在根据社会的需要实行建设活动，只是在建设的过程中应用了这种新的科学技术，创造出了新的设计理念、建设方法以及建设形象。

（四）关怀广大人民群众，重视社会发展整体利益

人类的发展观在世纪发生转变的时候也同样得到了转变，社会发展的核心不再是追求经济增长，而是追求全面发展，建设“以人为本”的社会。在人类社会全面发展的背景下，人类的发展观主要为提升生产与分配的能力，并在使用的过程中将这两种能力结合起来。

这样的社会始终坚持以人们在社会中的现实需要为出发点，对社会上的所有内容都进行分析和了解，包括社会经济的增长、社会的贸易活动、社会就业状况以及社会的文化价值等内容。所有人都享受社会提供的各项服务，包括医疗、住房以及食物等内容，同时还追求保护自己和

家人的健康,维护属于自己和家人的福利。人们在生活中会更重视自己生活的质量,更在乎自我在经济增长过程中的发展和选择。

在现在一些发达国家,其国家的人民感觉自己所处的社会确实在经济水平方面有所提升,在科学技术方面有所进步,但是在生活环境方面,却越来越缺乏原有的人情味,同时国家也发现对于城市的建设并不只是建起一座座冰冷的大厦,也不是为了满足极少数人对于利益的需要,更不是为了适应各项政治政策,而是建设人类社会的文明。

在对其他国家的发展建设进行深入研究后,中国需要加以重视的地方一共有三点:

第一点,在社会问题中,住宅问题只是一种表现形式,同时住宅问题也让建筑师注意到,自己需要肩负起建设这一重大责任,让所有人都有房住的同时,提升其住房的质量,在建筑业得到发展的同时,建筑学也要随之得到发展与完善。

第二点,需要住宅的群体有幼儿也有青少年,有成年人也有老年人,有健康的人也有残疾人,因此在建设的过程中,需要先弄清楚建筑的使用目的,再根据人们不同的需求,建设不同的用于休息和娱乐的空间,建设室内与室外的空间。与此同时,为了充分发挥人本主义精神,完成社会和谐的目标,就要在建设的过程中,对防灾的管理内容与规划内容进行加强。在建设的过程中还要对社会的发展加以重视,在建设社区的同时,对社区进行研究,发挥其优秀的创造力。

第三点,要对人居社会进行合理组建,为了促进发展和谐幸福的社会,就要对家庭内部的关系、各个家庭之间的关系、不同年龄段的人之间的关系、不同阶层的人之间的关系、本地居民和外来人口之间的关系进行合理的调节。我国的建设工作量是很大的,住宅建筑学在这样的社会背景下会获得较大的发展,同时希望住宅建筑学能为我国的建设工作提供一些帮助。同 20 世纪相比,我国的住宅建筑学已经得到了较大的发展,希望在 21 世纪,我国人居环境的质量能够有所提升。

### (五)科学的追求与艺术的创造相结合

当社会的经济得到了发展,技术也得到了发展后,就会开始追求文化方面的发展,这种追求主要为两个方面的内容。第一个内容指的是文化内容,包括文化知识和文化知识活动,在学习的过程中创造技能并运用技能。从人居环境的角度来看,要为不同的活动创造不同的空间,包括科学技术活动、文化活动、艺术活动以及卫生医疗活动等，而这对于空间的创造是非常重要的一项内容。第二个内容指的是文化环境的建设，在人居环境建设中，其中一项最为基本的内容就是文化环境的建设。无论是经济的发展还是技术的发展都离不开文化环境，如果一个地区缺少文化基础，就没有办法对经济理念进行深入的思考；如果在设立经济目标时，将其从文化环境中分离开来，是达不到最终的经济目标的；一座城市如果想要将经济模式发展得好，就需要做到陶冶人与关心人。

在发展的过程中，我们需要发展经济也需要发展技术，但我们最终的目的是要发展文化环境，一个具有可持续发展特征的文化环境，一个优质的人居文化环境。而为了完成这个最终目标需要做到以下两点内容。

建筑文化是有其自己的独创性的，因此第一点内容就是让不同地区的建筑将它们的独创性充分地发挥出来，通过融合创新的手段，让人居环境充满文化内涵。想要做到这一点还需要满足两个方面的内容。一方面，了解本国与国外这些年来的变化发展。当人类在社会上的活动变多之后，其文化的发展就会产生变化，再加上中国的文化同世界各国的文化开始融合并相互产生影响，人文内涵在人居环境中是不断得到扩展的。所以，对于中西人居文化的交融需要有深刻的理解，并积极促进中西方文化的交流。另一方面，了解本国古代文化与现代文化之间的变化和发展。中国的历史是十分久远的，其中关于人们居住的历史也同样有着深厚的文化内涵，对于现在建设人居环境的活动来讲，这些文化内涵都是宝贵的建设资源，因此需要对建设的历史多加研究，并结合现代的建设活动加以创新，使最终建设的环境具有浓厚的文化氛围，成为健康的居住场所。

第二点内容是要将创造艺术同追求科学结合起来。科学追求和艺术创造看起来是两个完全不同的内容，但其最终的目的都是相同的，就好像人们进行的理性分析和诗人所进行的天马行空的想象，这二者都是在为生活环境质量的提升做努力，但如果将这二者结合起来，会让人们的生活在富有秩序的同时充满情趣。人类之所以能在地球上生存下来就是因为具备这样的条件。从深层次的角度来说，人居环境具有灵魂的原因在于人们的心灵能随之而发生变化，人们的精神世界因客观物质世界的发展而变得深邃。而在建设人居环境的过程中，为了使建筑物蕴含

一定的感染力，就需要人们将科学追求同艺术创造结合起来。

上述的五点内容分别讲述的是生态观的内容、经济观的内容、科技观的内容、社会方面的内容以及文化观的内容，这五点内容也是人居环境科学发展的五项重要原则。从唯物主义角度来看，事事都是充满矛盾的，这五项原则也逃离不开这一点，它们相互制约又相互关联。

在建设人居环境时，需要依据具体的时间和地点，在五项原则得到统一的时候再对建设的内容进行调整。如果在前进的过程中产生了矛盾，就需要通过发展来解决，这一点既是让集体社会活动中的许多因素以一个完整的形象表现出来，也是上述所有内容辩证统一的结果，能够帮助提升人类生存的质量，优化人文环境，而在集体社会活动中，最重要的力量就是建设人居环境。

## 第三节　乡村人居环境科学的区域规划理论

关于农村的区域规划，主要的依据是农村资源的特点、农村的生产条件以及农村的发展方向，目的是让农村朝着商品化、生产区域化以及专业化的方向发展。该规划中所应用的理论内容共有六个：第一个为区域资源差异与分工协作理论；第二个为区域产业结构的关联和地域生产综合体理论；第三个为产业空间布局的区位理论；第四个为景观生态学理论；第五个为人地协调理论；第六个为系统工程理论。

### 一、区域资源差异与分工协作理论

#### （一）农业地域分异规律与因地制宜原则

由于农村各地域之间存在着明显的不同之处，因此农业产业表现出最明显的特征就是地域性特征，但是在有一些区域之间又存在着一定的相似性。农业地域之间产生差异的原因以及条件都在农业地域分异规律中体现了出来，同时该分异规律还表明了地域之间的相关关系以及地域差异所呈现出的特点，农业地域差异规律是一条较为特殊的规律，它的出现离不开经济规律与自然规律之间的相互影响和相互作用。

农业产业的地域性差异主要表现在三个方面。

第一个方面是关于农业的自然条件,农业的自然资源以及对这些资源的开发与利用上,在不同的农村区域有着明显的差异。例如,山区与平原在地形上有着明显的不同,热带与寒带在温度上有着明显的不同,而这些不同又会导致当地的土壤和水分等条件出现不同,因而在开发不同地区以及利用不同地区的资源时,要注意使用不同的方法。例如,在热带就只能种植喜温的农作物,而在寒带则要种植耐寒的农作物。正是因为这些不同的方法,使各个地区呈现出了具有本地特点的农业生态环境。

第二个方面是关于农业生产的部门因地理位置的不同,在其结构与分布上有着明显的差异。如果是在沿海地区,主要的农业生产类型为渔业;如果是在山区,主要的农业生产类型为林业;如果是在草原,主要的农业生产类型为畜牧业;如果是在平原,主要的农业生产类型为种植业。

第三个方面是所使用的农业技术的差异,这些技术包括耕作的模式、灌溉的方式以及所使用的生产工具等各个方面的内容,正是有了这些内容的差异性,才使得农业生产在不同区域内呈现出了明显的差异。

产生农业地域差异的首要原因在于各地区自然环境的差异,除此之外,使各农业地域之间产生差异的原因还有很多,但该原因是最基础的内容。不同地区的自然环境条件决定了不同地区所实施的农业生产活动,为了配合自然环境实现农业生产就需要有技术条件以及劳动力等许多条件的配合,同时所生产的农作物还要能够满足人们的需求。

事实上,不只是农业,在我国的不同地区,其经济技术和社会发展等方面也具有明显的差异,而这种差异又间接影响着各地区农业生产的差异。由此可见,农业地域差异并不是突然出现的,而是在自然、技术以及经济长期的相互作用下一点一点积累而成的。

农业的地域差异是一种客观必然性的反映,发展农业生产就必须在认识这个必然性的基础上做到因地制宜。因此,必须根据不同地区的自然环境和社会经济条件的不同特点,全面综合地分析区域的条件,要根据不同自然环境条件、生产方式、社会需求、传统习惯、科学技术、交通运输、生产成本、市场价格等条件以及这些因素之间组合的差异,正确确定各地区农业发展的方向、途径和措施。

（二）区域分工理论

从马克思的观点看来，民族分工的发展程度最能体现该民族的生产力发展水平，其分工的内容包括部门之间的分工、企业之间的分工以及企业内部的分工，同时某一个部门在不同地域之间的分工也属于其中的一部分内容。不同的地区需要专门用于生产某种产品，这种产品可以是某一产品中的某一部分，也可以是具体的某一类产品。

通过分析经济发展的规律我们可以了解到，分工是能够促进经济发展并产生经济效益的。经济之所以得到发展，是因为资源得到了合理配置，而合理配置资源的方式就是将不同区域之间存在的差异资源进行优化组合，让这些差异资源相互流动起来，同时这也是最简单的一种方式。

正是因为如此，能够推动地区经济发展的，只有区域分工协作理论，在进行区域规划的过程中，该理论又为决定区域发展的方向和确定农村产业结构提供了有效的指导。

关于区域资源差异和劳动分工理论，其中包含许多经济方面的理论内容。例如，亚当·斯密（Adam Smith）的“绝对利益说”，该理论学说来自古典经济学派；赫克歇尔（Eli Filip Heckscher）与俄林（Ohlin）的“资源禀赋说”，该理论学说来自现代经济学中的瑞典学派等。从亚当·斯密的“绝对利益说”的观点来看，如果在某一些地区中生产某一类产品时，其生产效益同其他地区相比具有一定的优势，那么该地区所使用的劳动力的数量以及资金的占比用量都不会高于其他地区，同时不同的地区所发展的产业和生产的产品都是不同的，如果将这些地区互相交换它们的优势，所有的地区都能得到一定的利益。如今，人们将这种利益称为绝对利益。区域间的商品之所以能在价格和成本上产生优势，是因为区域间有成本差的存在，这种存在也同样会使区域生产产生绝对利益。从该学说的结论中可以发现，不同的区域在生产商品时始终依靠着本地区的生产优势，并且在不违背自由贸易政策的条件下，就会提高该区域的商品生产总量以及各自所得。

大卫·李嘉图（David Ricardo）是亚当·斯密学说的发展者，《政治经济学及赋税原理》是其于1817年发表的理论学说，在书中李嘉图对亚当·斯密所提出的“劳动地域分工学说”进行了发展。李嘉图认为，并不是每一个不同的国家所生产的产品就一定是不同的，有一些能够产

生较大利益的产品，也可能需要几个国家的力量才能完成生产活动，之后再将产品进行对外贸易交换。在这种背景下所生产出来的商品不仅不会使劳动力和资本发生改变，还会提升社会生产总量。

如此形成的国际劳动地域分工对贸易各国都有利，因而提出了更为完善的“比较利益说”。地域分工的必要性在于各地区的自然差异、原有经济基础及各地社会文化的差异，更重要的原因是生产专业化、集中化、集聚化、联合化产生的社会经济效益。

有一些地区的自然条件、地理位置以及交通条件都会比其他的地区好一些，这样的地区在这些条件的加持下，其生产也具有一定的优势；相反的，一些原有基础比较差的地区，经过生产所产生的相对效益也不会很好。因此，在进行地区分工时所依据的原则为“劣中取优”以及“优中取优”，这样才能提高社会总量，让每一个参与的地区都能得到利益。这种利益就被称为比较利益。

根据李嘉图的比较利益的原则，各地区不应是根据绝对成本（利益），而是根据相对成本（利益）来选择劳动地域分工的产业。亚当·斯密和李嘉图的学说对于实际的经济活动虽过于简化，但仍深刻地揭示了区域分工协作和自由贸易的积极意义，并提出了依据各自劳动生产率和劳动成本的差异进行相互发展的基本思路，成为经典的区域分工和贸易理论的源泉。

### （三）区域经济专业化理论

区域经济专业化的另一个名称为生产专门化，这实际上是一种在区域范围内发生的经济现象，产生这种经济现象的原因在于社会生产力以及商品经济在一定程度上得到了发展。这种现象的产生证明了有一些具有优势的产业或者部门，其生产规模以及市场范围正处于不断扩大的阶段，或正向扩大的阶段发展中，同时这个过程又满足了地域分工的客观需要。区域经济专业化在该理论中被看作一种客观产物存在于区域经济发展中。这主要表现如下。

首先，区域差异的客观存在构成了区域经济专业化的自然基础方面的原因。区域差异是普遍存在的，这种差异的存在表明，一个区域的这方面的生产要素占有优势，另一个区域的那方面的生产要素占有优势，优势要素组合的生产部门所显示的地区优势，为这种生产部门的进一步发展创造了客观条件，而这又正是区域经济专业化形成的自然基础。

其次，商品经济的发展构成了区域经济专业化的经济关系方面的原因。社会分工是商品生产存在和发展的客观条件之一，但是，在简单商品生产阶段，商品生产和商品交换的规模还不大，社会分工还有跨区域的需要。当商品经济进入比较发达阶段，区域差异导致了生产同一种产品的劳动消耗或成本利益的地区差异，商品生产具有向取得最大利益的地区集中的趋势。这样一些在区域最有利的生产部门便逐渐发展和壮大，从而形成了区域专门化生产部门。

最后，科学技术进步和社会生产力的发展构成了区域经济专业化的生产力方面的原因。因为科学技术进步和社会生产力的发展，将逐步解决生产要素的流动和劳动的地域分工中的各种困难和障碍。

之所以要对农村区域进行规划主要是想让区域内的农村生产能够做到合理分工，并通过这种分工的方式，将其所在地区的生产潜力充分发挥出来。并且，经过了分工，就需要各个区域进行协作，从而形成产业布局体系，并在其合理的作用下推动农村的社会经济得到全方位的发展。由此可见，在农村区域规划中，地区专业化理论以及劳动地域分工理论都是十分重要的理论基础内容。

劳动地域分工在广阔的区域内，按商品分工实现生产专业化，各地区着重发展各自优势部门和商品，整个社会生产表现出区域化的趋势。一个地区实行某种生产的专业化，必然以另外一些地区实行不同的专业化为前提，形成地区间的专业化协作，分工使各地区形成专业化，协作又把专业化地区联结成一个不可分割的整体。在制定农村区域发展规划时，分析研究本区域在全国地域工作中的地位，对确定地区内专业化生产的部门，以及各部门之间的相互促进、协调发展都有积极的意义。

### 二、区域产业结构的关联和地域生产综合体理论

分析各个国家经济发展的历史能够发现，经济发展所包含的内容不止有总量增长，还有产业结构的变化发展。同样的，在区域经济发展的过程中，支撑着区域经济增长的是区域产业结构，对区域经济增长的潜能起决定性作用的也是区域产业结构。

在区域理论中有一对能够对应于补充的理论内容，即劳动地域分工协作理论与地域生产综合体理论和区域产业结构关联理论。该理论内容证明了，所有的区域如果得到了发展，一定会通过结合该地区的生产

专业化以及生产综合化表现出来，同时推动该区域经济得到发展的，是通过各个区域之间的交流与竞争来实现的。

因此，区域产业结构的关联理论和地域生产综合体理论，对区域规划中组织区际分工以及整个区际经济的发展具有重要的指导意义。

（一）区域产业结构关联理论

当不同的产业之间形成了量的比例关系、质的联系以及其他的相关关系，这些关系的总和同经济空间中的产业构成一同组成了区域产业结构。

《经济发展战略》一书由赫希曼（Albert Otto Hirschman）编写并于1958年正式发表，在书中赫希曼表示，每一项产业活动都会因出现一个新的产业受到相应的影响，这种影响可以是直接的也可以是间接的。同时，在这些产业之间还会产生一定的关联，赫希曼将这种关联分为了两类：一类为前向效应，即某些产业的原料供应方是新出现的某个产业所制作的产品，同时在其支持下，使得该产业得到了发展；另一类为后向效应，即有一些新出现的产业，其对于生产产品所需要的原料以及其他产业所提供的产品等有着较高的要求，这时原料产业就会得到发展，也可能会推动许多新的原料产业出现。

产业关联理论是由赫希曼提出的，区域产业间的投入产出模型是由列昂节夫提出的，尾崎岩在结合这两点理论之后，对不同产业关联结构的特征和不同产业的技术特征进行了深入的研究，并将产业一共分成了六种不同的类型：第一类为大容量处理型产业，第二类为大规模装配生产型产业，第三类为资本使用型产业，第四类为收益稳定型产业，第五类为劳动使用型产业，第六类为劳动使用兼具资本弹性型产业。其中，前三类产业统称为资本集约型产业，后三类产业统称为劳动集约型产业。

之后，尾崎岩又根据这些产业类型提出了在不同产业结构群之间所产生的关联规律。例如，如果是中间产品产业，应使用大容量处理型产业以及资本使用型产业所使用的技术；如果是生产资料产业，应使用大规模装配生产型产业所使用的技术等。

（二）区域经济综合发展理论

社会再生产理论是由马克思提出的，平衡发展理论是西方发展经济学中的理论内容，结合这两种理论并在其基础上提出了区域经济综合发

展理论，同时该理论也属于一种产业配置理论。

在区域经济综合发展理论中，将区域经济的协调发展看作按照一定的比例实现的，即区域内的各个产业部门的结合都是按照合理的比例关系进行的，经过结合之后的产业部门会将生产所需的资源都充分地利用起来，主要为劳动力资源和自然资源，同时区域经济也在这样的条件下得到了全面发展与协调发展。客观必然性是其余经济综合发展的主要特性，在该理论中，将具有这种特性的原因分为了五点。

第一点，在推动区域经济得到适度综合发展的同时，保证区域中各生产部门之间始终保持着比例关系，是推动区域社会再生产的重要条件，从长远的角度来看，为使区域社会再生产能够得到发展，并从根本上得到保证，只依靠其他区域的“进口”活动或只依靠本区域单一的产业结构都是不能实现的。

第二点，为能将区域内的所有资源进行充分的利用，所提出的必然要求就是区域经济的综合发展，只有这样才能保证区域中的资源不会出现短缺或浪费的情况，还能将资源进行合理的配置。

第三点，想要做到将区域内的各项需求全部都满足，就要保证区域经济的综合发展。在生产的过程中，产业会提出各种各样的需求，而这些需求只依靠单一的产业结构或单一的产业配置是不可能得到满足的。

第四点，想要将产业的聚集效益以及产业的外部效益都充分地利用起来，就需要做到区域经济的综合发展。如果只是单纯地扩大同一类别的产业是没有办法实现产业聚集效益和产业外部效益的，还需要产业的活动位置能够彼此靠近。如果发展多样化产业，也同样可以获得聚集效益和外部效益，同时有新效益产生的可能。例如，转移产业间的技术、结合产业间的技术，这种新效益在不同类别的产业之间也会出现。

第五点，若想让区域产业结构具有更优质的转型能力以及更高的适应弹性，就需要区域经济的综合发展。当社会的需求发生了变化，产业的结构也就随之发生了改变，因需求变化更多样化，才使综合型的区域产业结构向多样化产业的方向发展，并使其产生了适应弹性，产业资源也能在较短的时间内，在产业间经过重新的配置和组合，实现产出的重组。当国际市场发生的变化比较大时，专业化的区域产业结构就没有这种适应弹性，并且在其他专业化产品市场发生变化时也是一样的。

## 三、产业空间布局的区位理论

### (一)古典区位理论

在人类社会中,针对经济活动所做的空间布局规律各有不同,人们在研究这些规律时提出了许多理论,区位理论就是这些理论的统称,主要内容为在区位选择和经济论证时对生产进行的布局以及对城市进行的布局。区位理论按照不同的研究对象一共可分为三类:第一类为农业区位理论,理论研究的代表作品为农业区位论,作者是杜能(Johann Heinrich von Thünen);第二类为工业区位理论,理论研究的代表作品为中心地理论,作者是克里斯·泰勒(Chris Taylor);第三类为商业服务业区位理论,理论研究的代表作品为市场区位论,作者是廖施(August Lösch)。下面对第一类和第二类进行介绍。

#### 1.农业区位理论

杜能是德国的经济学家,他是第一个提出农业区位论的人,并在该理论中表明了农业地域的特征,随后他编著了《孤立国》,在西方农业区位论中作为基础内容。该理论主要是针对农业用地的不同经营方式所进行的阐述,认为其经营方式不是由土地的自然特性所决定的,社会经济的空间需求对其产生的影响更大,其中造成影响最大的是不同用地同农产品的消费地,即农产品市场之间的空间距离。

杜能为让他人对该内容更了解,他做出了一个简单的假设:“孤立国”就是农村区域,中央位置就是唯一的一座城市,同时是唯一一个农产品市场。“孤立国”的四周都是荒地,和外界并没有任何的联系,在国内,各地区的土地条件和气候条件都是相同的;农业生产者的生产技术和经营能力是一致的;市场的价格,为工人发放的工资以及资金产生的利息等内容也都是相同的;去市场所使用的交通工具是马车,运输所使用的费用和与市场之间的距离呈正比。这些内容都是研究“孤立国”的前提,也就是“孤立国”的模式,即各条件均质、唯一的中心、自由的竞争、运输费用一致,并且是一个封闭的区域。

在做出假设之后,以农产品生产的成本、农产品销售的价格、农产品运输的成本以及农产品利润的均衡关系作为研究的出发点,推断出农业土地经营方式的规律,即在封闭的市场中心里,农业分布地带的中心为

城市,分布的形式为以同心圆的形状向外扩散,农业土地经营方式的规律也同样呈现出同心圆的形状,其形成的是空间规律,形成的依据是集约化的高低程度。

这些地带有明显的层次性:第一圈靠近城市中心,生产含水量大、不易贮藏、易腐烂的农产品,是集约化最高的高效农业地带;第二圈为林业地带,供应城市作为燃料的木材;第三圈为轮作农业,供应城市粮食;第四圈为粮草轮作或农牧带,有一定的荒地;第五圈为三圃式农业地带,有总面积 1/3 的荒地;最外圈是畜牧业地带,后人将之形象地概括为"杜能圈"模型。

农业地带所产生的收益以及单位面积的产量在六个圈中呈现出由外向内逐渐递增的特点,而农业的集约化水平则呈现出由外向内逐渐增高的特点。

杜能从级差地租出发,得出距离市场远近不同的地区应配置不同的农产品生产以及采用不同的经营方式的结论。

在进行研究的过程中,杜能还将自己农庄的相关资料作为研究的依据内容,对每一个圈内的农业地带距离进行了详尽的分析,并针对拥有多个中心地区的、具有非均质条件的、运输距离非等距的情形下,将理论模式内容进行了修改。杜能所提出的理论内容具有特定的历史条件,并且是严格按照该条件进行建立的,因此当社会生产力与农业技术得到发展后,农业区位之间的差异现象变得越来越大。但杜能所提出的理论内容依旧存在具有价值的地方:第一,关于区位理论的最基本的研究思想是在抽象理论演绎的出现和间区位得到关注后才产生的;第二,现在的区位理论提出的依据都是杜能在理论中所提出的区位级差地租,城市空间结构理论更是因此而提出的。

2. 工业区位理论

当近代工业得到发展后,古典区位理论研究中的中心内容在 19 世纪下半叶就已经开始变成工业区位理论了。这个时候出现了许多的工业区位理论,如廖施理论、韦伯理论。工业区位理论和农业区位理论的不同之处为,在工业区位理论中,人们使用了更新兴的概念,即区因子分析概念,在该理论中,人们所研究的对象是近现代工业企业的布局,同时这也是一种更复杂的研究内容。

工业地区分布的基本原则是：生产费用最小，节约费用最大；决定工业企业区位配置的三个因素是：运费、劳动费用和聚集力。运费是工业区位定位的最有力的决定作用，工业分布首先应考虑建立在运输费用最少的地区。此外，要考虑劳动力工资成本的高低。由于劳动力工资和劳动生产率的高低都存在空间差异，当企业的地区移动所增加的运费小于移动后所节约的劳动力费用时，可使工业企业离开运费最小地区并移向廉价劳动力的地区。许多在生产上、销售上存在密切联系的企业向一个地点集中，可以使企业便于采用最新技术，生产进一步专业化，企业间更好地分工协作，共同使用辅助企业与基础设施，降低生产成本。但在考虑聚集因子时要注意聚集规模的适度，因为过多的企业集中在某一地点时，会使聚集区内的地租、房租上涨，劳动力价格升高，材料供应与产品销售距离也会增大，便对企业产生驱散力，即聚集因子与分散因子是相关联的，集中程度越高，分散因子影响就越大，一个地区工业集中的程度是聚集因子与分散因子的力量消长的结果。

### （二）现代区域空间结构理论

世界范围内的经济空间格局以及经济运行方式从20世纪五六十年代开始就处于迅猛发展的过程中，传统的区域理论也因此受到了较大的冲击。随着经济工业化的发展以及工业空间集聚的加剧，技术革命和社会城市化开始不断地发展了起来。又由于技术革命的出现，越来越多的新型产业部门出现，使社会再一次进行了分工，同时产业结构也开始发生了变化。人们的生活方式在这样的社会背景下发生了巨大的改变，农村快速朝着城市化的方向发展，城市规模也因此而扩大，社会经济水平也得到了飞跃，劳动生产率得到了提升。

对自然资源的扩大利用，造成了日趋严重的环境污染与生态失衡，世界人口激增，尤其是发展中国家人口增长过速，人口与资源供应问题成为区域发展的隐患等，这一切都对区域理论和区域规划的发展提出了新的要求。因此，以空间集聚理论为先导的现代区域空间结构理论应运而生并发展起来。

#### 1. 空间集聚理论

和传统的地理集中概念相比，空间集聚理论有着更大的规模并产生更大的影响力，现代区域空间结构也是因该理论的出现而形成的。

从现代区域理论的角度出发，我们能够发现，在社会经济条件下以及现代技术条件下，集聚经济所产生的效益是巨大的，正是因为产生了这种效益，才使得空间集聚在区域现代经济活动中出现。

集聚可以使生产分工更加的细致，生产活动更加的专业，并且在降低生产成本的同时提升劳动生产率，并带来五个“有利于”：第一个有利于的内容是关于运输，关联产品在长距离之间的运输所产生的费用、转移所产生的费用以及获得信息所产生的费用都会有所减少，从而将运输所需的成本降低了；第二个有利于的内容是关于基础设施和公共服务网络，当基础设施得到高效率运行时，社会经济在发展过程中所需要的各项服务也变得发达起来，而外部的经济效益就是这样形成的；第三个有利于的内容是关于劳动力的市场，主要指的是用于培训劳动力的时长和供应劳动力的时长，在集聚的作用下变得更发达；第四个有利于的内容是关于技术人才，通过集聚劳动力得到了充分流动，这个时候拥有专业技术的人才就会在人群中脱颖而出；第五个有利于的内容是关于产品，在集聚的作用下，能够出现较大的潜在市场以及现实市场，许多的产品在这样的市场下不断地进行更新，制造产品的技术也在不断地发生革新。

在许多研究学者看来，为了满足现代化城市的要求以及社会化城市的要求，为了提高社会化大生产的效率，最有效的办法就是针对区域空间的结构采用规模集聚的形式，因为在这种形式下所产生的经济，可以在外部经济、生产成本、市场以及创新等方面都创造出巨大的效益。

2. 区域空间结构理论

虽然在不同的区域或不同的产业所使用的空间结构的形式都是经济活动集聚型，但最终会产生不一样的效果。

针对农业，在应用这种空间结构形式后，会使商品经济得到发展，农业部门和农业地域都变得专门化，这样的改变会使一些新技术产生并应用在农业中，同时会提高农业的劳动生产率，但也因此会有大量劳动力剩余的现象产生。针对一些第三产业，如工业以及产业服务业等，在没有使用这种空间结构时，其本身就具有较强的集聚性，在应用这种空间结构后，就会出现许多不同类型和不同规模的经济中心，现代城市也会随之发展起来，同时农业活动中剩余下来的劳动力人口就会进入城市，城市的规模也因此扩大：小城市变成大城市；大城市变成特大城市；特大城市变成超级城市。现代城市的网络系统也因此而产生，在更大的范围内对经济社会生活进行主导。

通常，现代区域空间结构理论的主体为区域城市网络，其形成来自人类经济社会活动空间的集聚。关于现代区域空间结构理论，主要研究的内容一共包含三个层次。

第一个层次为城市的发展规模，也就是集聚体的发展规模以及它的空间结构组织规律；第二个层次为针对周边的农村地区，城市所应用的吸聚模式，也就是集聚体的吸聚模式；第三个层次为在区域内部，将不同的城市连接起来，也就是联结集聚体，从而形成的城市网络结构形态。第一个层次内容是现代城市总体布局的理论基础内容，第二个层次的内容是区域城市化布局的理论基础，第三个层次的内容是区域城镇体系布局的理论基础。

### 四、景观生态学理论

生态学所研究的对象包括大气、土壤、水以及动植物，所研究的内容是这些对象之间的相互关系，所研究的空间具有相对均质性的特征；景观生态学所研究的对象为自然环境和生物，所研究的内容是这些对象之间的相互关系，并且这些对象来自同一个地区，但其存在的空间单元是不同的。也可以说，景观生态学作为一门科学所研究的内容就是自然环境和生物之间的相互关系，但研究的生物主要是来自具有异质性特质的土地地域，而该异质性主要是由许多不同的生态系统组合而成的。

景观生态学一共包含两个部分的内容：第一部分是关于地理学，相关的研究内容是自然现象在空间中的相互作用，并产生的水平途径；第二部分是关于生态学，相关的研究内容是自然现象在功能上进行的相互作用，并产生的垂直途径。有一些问题在低级生物组织层上是没有办法得到解决的，但这些问题都可以利用景观生态学来解决。

和生态学相比，景观生态学所研究的范围要更加的宽泛，在研究的过程中还加入了人类活动的内容，有一些景观受到人类活动破坏比较严重，针对这些景观给出了有效的解决办法。而人们之所以要对景观生态学加以研究，主要是因为人们在建设景观生态工程的过程时需要该理论的辅助，才能满足人类对该工程提出的各种需求，从而实现人与自然和谐共处，建设和谐美好的家园。

景观生态学的提出者为卡尔·特罗尔(Garl Ttoll),他是德国著名的植物学家,因此景观生态学的起源地便是在欧洲,该学术理论作为综合性科学,主要说明两个方面的内容:一方面是从景观学的角度出发,对区域之间的差异进行了对比研究;另一方面是从生态学的角度出发,对结构的功能系统进行研究。

从20世纪70年代开始,人类活动变多,对社会产生的影响也在加大,并在全球范围内出现人口问题、资源问题以及环境问题等,这就要求我们在做相关研究时,需要从全球整体的角度出发。也正是因为如此,景观生态学才重新走进了人们的视野,作为一门综合学科,结合了人文科学、地理学以及生态学的内容,让其互相之间进行互补并实现统一。

如今对于景观生态学的研究已经有许多国家都在进行着,我国开始重视景观生态学是在20世纪80年代。当时每一个国家都在朝着城市化和工业化的方向发展,并且发展的速度极快,其最终产生的问题就是对自然景观生态系统造成了破坏,针对这种现象,人们所想到的办法是创造人工的生态系统或结合自然与人造重新创造景观生态系统。

随着这样的发展与变化,人们的生活方式以及思维方式都受到了一定的影响,同时人与自然之间的关系也在人造景观生态系统中逐渐发生了变化。因此,目前最重要的研究内容是怎样才能控制人工在生态系统上不再增多,怎样才能在新的时代背景下让人与自然能够和谐发展。

实际上,景观生态学只是一种人类的思维方法,或可以将其看成一种研究的途径,这种观点的独特之处,就在于它的景观水平、在生态学研究过程中形成的整体观,还有它包含了许多不同学科在景观问题上所进行的研究。

从景观生态学的角度来说,在地面上,镶嵌于生态系统中的就是景观;在自然等级中,比生态系统还要再高一个等级的就是景观;在人文生态系统和自然中作为载体的地,就是景观。景观生态学也因此有了另一个名称——地生态学。

农村区域是一个复杂的生态经济系统,由自然环境—生物—社会经济组合成并协同发生作用的复杂大系统。这个大系统及各子系统是开放的,在能量、物质、信息不断地输入输出中变化和发展。制定农村区域发展规划,应正确认识生态与经济之间的对立统一的辩证关系,必须同时确定生态和经济两种目标,兼顾经济效益和生态效益。

## 五、人地协调理论

地球环境是人类赖以生存的地方，也是人类谋求发展的地方，人类与地球之间的关系，就是人地关系，这种关系是在人类出现之后开始出现的，主要表现为主体与客体之间的关系。随着人类社会不断发展，人类社会活动不断增多，人类生产活动不断进步，人地关系也在发生着变化，同时发生变化的，还有人类针对这种关系所产生的观念。

在原始时期，人类社会的生产能力水平并不高，人类主要依靠着自然界来生活，并且在很长的一段时间内，人类对大自然是十分依赖的。当社会开始发展，并达到一定程度后，人类对于自然环境的依赖程度便开始逐渐减弱，开始学会对环境进行利用和改造，让环境在变化发展的同时还能满足人类的各项需求。当人类出现在地球上之后就开始学着适应自然，并尝试对自然进行预判。

地球上的生态系统是由环境和存活在地球上的生物所形成的，并且该生态系统始终保持在稳定的状态，在该生态系统中存在一种能力可用于自动调节，这种能力就是使其保持动态平衡的主要原因。生态系统中的动态平衡是十分重要的存在，如果这种平衡遭到了破坏，地球将会遭受灾难，严重的话甚至会使生态系统消失。因此，人类不管在进行什么样的活动都不能打破这种动态的平衡。

人类在地球上所占有的空间是十分有限的，地球所承载的环境与自然资源也都是有限的。如果人类想要维护自身的利益，想要为自己的后代留下一个能够支撑其生存下去的良好条件，就需要人类控制人口的增长，控制废弃物的排放，控制自然资源的过度索取，让生态系统保持在稳定和平衡的状态。要知道，自然环境本来就是一个整体且具有有机统一的特征。

自然界作为一种自组织系统，当其内部的有序性得到提升时，自然界的整体性也得到了发展，而自然界结构组织之所以能够从整体上得到优化和发展，是因为它的减熵现象。

在人地系统中，人类始终都具有两种属性：一种为自然属性，一种为社会属性。人类既承担了生产者的身份，又承担了消费者的身份；既承担了建设者的身份，又承担了破坏者的身份。自然系统是没有办法从根本上被人类改变的，但人类干预地球的能力依旧是巨大的。但人类在

影响地球的同时,也在影响着自己。所以,当人类在改变环境时,需要依照自然界发展的客观规律,即保证其按照能够对人类产生有利影响的方向发展,如果没有按照规律进行活动,就会对地球造成不利的影响,从而使人类自己受到自然界的惩罚。

## 六、系统工程理论

在系统科学中存在一个名为系统工程的应用分支学科,这门学科实际上是一种组织管理技术,并带有综合性质,其研究的对象主要为大型的复杂系统,研究的主要内容是将这些复杂的系统进行研究和设计、规划与管理,并保证这些系统在运作时能够获得最佳的效果。

系统工程始终都坚持把对象系统当作一个整体来看待,其整个研究的过程也同样是一个整体。人们将该系统看作由多个不同的子系统结合而成的,也是以这样的观念对系统进行设计的,因此在设计时最先考虑的问题就是子系统的技术是否能从整体的角度实现技术的协调,这种协调主要用于调节整体系统同子系统之间所产生的矛盾,以及子系统同子系统之间所产生的矛盾。

在系统工程中,为了使不同的技术在应用的过程中可以协调配合,就需要对不同学科以及不同技术领域中的成就内容进行综合的运用,这也是系统工程一直都在强调的内容。由此可见,在系统工程中能够用来对社会经济上的问题以及社会技术系统上的问题进行解决的最佳方式,就是将社会科学、自然科学以及技术科学结合起来。系统工程所包含的关于技术方面的内容有很多,它既要研究不同系统之间的共性特征,还要研究每一个系统其各自的特征,因此系统工程也是各类不同组织管理技术的统称。

通常而言,在系统工程内一共包含五个方面的内容。第一个方面是关于运筹学的内容,包括全面规划系统内容、统筹兼顾系统以及对系统中的资源进行合理的运用,并且这些内容都是在固定的条件下完成的,统筹学作为一种数学方法主要用于实现最终的目标。第二个方面是关于概率论的内容,主要用于研究众多随机事件中所蕴含的基本规律。第三个方面是关于数理统计学的内容,主要用于获得数据,对数据进行分析与整理和建立数学模型。第四个方面是关于控制论的内容,主要是对不同的控制系统所表现出来的相同的控制规律进行研究,并对动态优化系统状态的内容进行详细的研讨。第五个方面是关于信息论的内容,主要是通过利用计算机对提取信息、传递信息、交换信息、存储信息和流通信息进行研究。

系统分析的主要目的在于收集充足的信息提交给控制系统;分析的对象包括系统的机构、系统的功能以及对系统的要求等;在系统分析的过程中会遇到许多的约束条件,包括环境条件、状态条件以及资源条件等,在这些条件的约束下设计出不同的方案,在设计的过程中还要注意满足系统突出的各项要求。在得到分析结果后,还需要对其进行评价,其评价的依据是评价准则,最后形成满意的解释。

# 第三章　乡村规划与建设

## 第一节　乡村规划的基本知识

### 一、乡村规划的依据与原则

农村区域规划应在深入调查研究的基础上，对其未来一段时间内经济与社会的发展与建设做出战略性部署与安排。区域经济与社会发展必须在学科基础上进行建立，才能发挥其自身的指导作用，同时还要依照农村区域的客观规律进行建立。

（一）依据

在对农村的区域进行规划时，需要严格按照国家确立的规划路线、战略措施以及方针政策来实行，同时还要根据当地的实际情况开展规划任务，这也是规划的根本依据以及重要的指导思想。

1. 农村区域发展现状

这是制定农村区域发展规划的基础和起点，即调查研究区域自然资源、社会经济基础和技术条件，各部门、各行业的现有基础和运行情况，以掌握农村区域经济、技术、社会、生态等的基础与现状。

2. 国家对地区经济和社会发展的长期计划和要求

针对地区经济以及社会发展，国家在做出长期计划的同时还表明了在全省范围内，甚至是全国范围内，该地区所具有的地位以及发挥的

作用，同时还对改革地区的发展做出了整体的要求，包括生产发展的方向、生产发展的规模以及生产发展的重点等内容。在进行区域规划时，上述的内容就是其基本的依据。

3. 掌握主要产品的市场信息

通过主要产品供需现状分析，判断产品的竞争能力，预测市场的需求变化趋势等，以确定区域农村产业的调整重点和方向。

（二）原 则

为使制定的农村规划具有科学性、可操作性和实用价值，必须遵循以下主要原则。

1. 全面安排与保证重点相结合

农村区域规划涉及区域内多部门与行业。在规划中，一定要从我国国情出发，统筹兼顾；正确处理整体与局部、重点与一般、工业与农业、生产与生活、近期与远期的关系，促进农村区域全面协调地发展。

2. 因地制宜，发挥优势

农村区域规划必须坚持因地制宜、发挥优势的原则，遵循地域分工的客观经济规律。我国幅员辽阔，各地现有经济发展水平和经济地理位置不同，生产的集中化、专业化效益不同，各地区生产诸要素不同，是劳动地域分工的经济基础。因此，因地制宜确定各地区经济发展的重点，围绕地区优势，建立各地不同特点的经济结构。

3. 合理布局，保护环境，有利生产，方便生活

安排各项生产性项目的建设布局时，按照上述要求对部门或项目在空间定位做出合理的安排。不同的部门、项目布局的条件有不同的要求，在实际安排中，应以“价值效益”准则，即应以较少的投入获得较高的产出，如农村工业企业厂址的选择，应在原料产地、能源、市场、交通、环境等布局条件综合考虑的基础上选择最佳区位，以达到降低成本、提高效益、防止环境污染的目的。

4. 生态效益、经济效益、社会效益最佳原则

农村区域规划的出发点是保证区域经济的稳定且持续发展，在规划的过程中还需要整合区域内的不同要素，并合理地开发与利用区域内的资源，同时还要加强对剩余资源的保护。在区域的整体结构中存在三大效益，即生态效益、经济效益以及社会效益，为了使这三大效益能够发挥出最大的功能，就需要将环境保护、经济发展以及人与资源这三者之间的关系协调好。

综上所述，虽然上述农村区域规划的原则是从区域内不同的层次与角度出发所提出的，但其分别突显了规划内的经济规律、自然规律以及技术发展规律。在实际规划中，需要综合运用这些原则，并且这些原则在应用的过程中既相互补充，又相互联系。

## 二、农村区域规划与设计的工作步骤

### （一）农村区域规划工作的方式

下面要讨论的内容是关于开展区域规划的方式，所针对的地区为三级地区，即省区、地区或市域、县区，着重讨论三级地区主要是因为这三级地域互相之间的关系是十分紧密的。农村区域规划工作的方式一共有三种。

第一种方式为自上而下的方式，即先从省区级开始规划，再对地区或市域开始规划，最后对县区级进行规划。应用这种方式的优点在于规划的范围是十分全面的，并且具有较强的整体性，其缺点在于规划工作无法深入进行，如果想将上一级的规划做得更具体，就需要对下一级规划的资料有充分的把握，因此在这种方式下进行的规划任务完成得都不是特别好。该方式的主要特点为，从全体开始规划再对局部进行规划，即从大到小，当规划下一级时，上一级的规划可以作为最重要的指导和依据，让规划具有全面性而不是片面性。

第二种方式为自下而上逐级规划的方式。这是比较简单的一种方式，在规划的过程中只需要有地方的支撑即可，并且能充分地调动其地方规划的积极性。这种方式的优点在于方便了解规划过程中的实际情况，对区域的发展方向以及建设方向有明确的认识，在规划上一级时，下一级的规划工作就可作为有价值的依据内容。但这种方式也存在着

一定的缺点,即在对局部进行规划时会遇到较大的局限性。

第三种方式为先中间后两头的方式,即先对地区级和市级进行规划,之后再对省区级和县区级进行规划。上述两种方式中的优点都包含在了该方式之中,但这种方式也同样具有其自身的缺点。

综上所述,在任何一种规划方式中,不同级别的规划都在互相联系着,当上一级的规划工作结束后,下一级规划的发展方向也就得到了确认;当下一级的规划工作结束后,可以对上一级规划过程中所产生的不足之处进行补足。每一级的规划工作都是按照一定的阶段任务来完成的,但在实际规划的过程中可以对其进行修正,而规划工作就是在这样的过程中得到补充与完善的。

我国目前编制国民经济计划一般采取“两下一上”的程序,即首先自上而下颁发控制数字(或建议数字),然后由各级结合自己的具体情况,编制计划草案上报,最后由上级综合平衡,下达正式计划。这是一种偏重于自上而下的方法。鉴于县级农村规划的特点,县级农村规划一般应采取自下而上和自上而下相结合的编制程序。这种方法是,由县政府根据党和国家有关的方针政策,组织有关人员对规划应包含的内容、完成的时间提出总的要求,并把全县规划分解为各部门规划。各部门根据自己的现有条件、资源潜力[①],分别提出部门规划草案。由县计委等综合部门根据上级规划的要求进行协调平衡,提出全县规划初步方案,再与各部门进行协商、调整,最后形成全县规划。这种先从各基层单位分别编制规划草案入手,然后进行全局协调、综合平衡,条块结合由下而上、上下结合的编制方法,既可以搞清当地发展经济的社会、自然条件,认清自己的优势和劣势,为全县确定经济发展方向,又可以为战略重点和布局提供可靠的基础依据。

(二)工作步骤

在对农村发展的规划工作进行开展时,为了保证其能顺利地进行,就要采取以下的工作步骤。

---

① 资源潜力是企业赖以生存与发展的物质基础,也是企业竞争力的基础。但企业的资源潜力若不被激活和放大,则不能转化为现实的生产力和企业竞争力,也就不能成为维系企业生存、推动企业发展的有效力量。而要有效地激活和放大企业资源潜力,就要求企业按一定的目标及规则对资源进行定向整合,使企业资源按一定的秩序进行动态地有机结合。

1. 工作的准备阶段

之所以要在农村规划开始之前将准备工作做得充分,是因为其规划工作带有很强的科学性,所涉及的内容也比较复杂,并且涉及的范围也十分广泛。

(1)组织准备工作

在提出任务之后,先要建立工作组织和制订工作计划,这是胜利完成编制任务的保证。农村规划工作组织的内容有两方面。一是规划工作领导机构的建立。规划工作应在当地领导机构主持下进行,由当地主要负责领导牵头组成规划工作领导小组,并由有关主管部门的负责人、业务骨干及有经验的农民代表组成。全面负责领导规划工作,统筹全局,协调关系,包括组建和指导各业务组工作,确定规划指导思想,拟订和审定规划工作计划。同时,各级设立农村计划领导小组,下设办公室负责处理日常工作,在乡级和村级设立领导小组。二是规划工作队伍的组织。由于规划涉及农、林、牧、渔、水利、气象、交通、文教、卫生、测绘等方面,因此规划工作组成员应包括有关政府部门负责人以及区域科学专业、经济学专业、地理学专业、系统工程专业、计算机专业等技术人员参加,并吸收计划、建设民政等部门的意见。农村规划的工作队伍要实行领导、专业人员和群众三结合,组成较有权威的领导和精练的专业技术队伍,只有这样才能提高农村规划的质量。工作班子建立后,要制订具体工作计划,包括人员培训及经费预算等。通过宣传提高干部和群众对规划的认识,以动员广大群众参与规划工作,使规划成果更能符合实际。

(2)准备业务相关的资料

在对农村的规划内容进行制订时,作为依据使用的资料的数量有很多,为了对农村规划区域内的社会技术经济条件以及自然条件能够完全掌握,需要将这些资料内容充分地利用起来。在准备资料的过程中,需要将农村规划的范围确定下来,以及规划的主要目标和重要任务。而农村规划范围的主要依据在于进行区域规划时所产生问题的性质,以及为解决问题的主要任务。

2. 搜集资料阶段

在制订农村规划时,一共需要用到五类资料。

第一类资料是关于自然资源的最基本的资料内容。当社会经济得到发展时，其最重要的物质基础就是自然条件。自然条件包含了多个不同的要素，即生物、矿产、自然景观、地形地貌以及土壤和气候等，人们的生活以及人们的生产活动都在不同的程度上受到了这些因素的影响。在收集资源的过程中，需要根据不同地区的特点进行调查，主要收集重要资料。

（1）关于自然资源的质量与数量。保证经济发展的能力是依靠资源的潜力来实现的，而潜力能够被开发利用的程度就是依靠资源的数量实现的。需要查清资源绝对量和相对量，以及资源量与消费量的对比（包括未来消费量的对比），方能予以准确的评价。另外，自然资源的质量在一定意义上比数量更能影响经济、社会的发展，因为它反映着自然资源开发利用的经济价值，影响着开发利用的技术可能性和经济合理性。

（2）自然资源的时空分布及其组合。自然资源的时空分布决定着人们活动的区域性与季节性。各种自然条件相互配合、相互影响，共同作用。所以，如果想在开发时做到因时制宜和因地制宜，就需要充分掌握自然资源的组合方式以及自然资源在时间和空间上的分布。

（3）一些制约因素和自然灾害。一些主要的自然灾害包括旱涝、冰雹以及霜冻等，针对这些自然灾害，所调查的内容主要有灾害发生的时间、灾害发生的频率以及灾害发生的程度等。对于有一些不利的自然条件也需要进行调查。例如，生活在高山陡坡的人们会因其地理位置产生一定的制约作用。

对于自然条件的各个要素，既要逐项予以评价，还应对自然条件作为一个整体进行综合评价。前者是后者的基础，后者是前者的深化，从而获得全面的认识，揭示自然条件对经济发展和社会进步的作用和影响。

第二类资料是关于社会经济的最基本的资料内容。针对资料所要调查的基本内容包括农村行政区划的分布、农村村落的分布、农村的建设条件、农业生产情况以及社会技术经济条件，当地规划的优势条件以及在生产建设的过程中存在的问题等。

（1）经济条件包括国民生产总值、社会总产值、各个行业的产量、农村的经济政策等，除此之外还有农村生产协作化、农业产业化、农村劳动力的数量与质量、农业生产的装备以及农业技术等内容。

（2）社会状况包括民族人口、医疗保健、生活的生态环境、社会文化以及就业福利等内容。

（3）科技状况一共分为两部分的内容：一部分为科技实力与科技水平，如科技人员、科技设备、科研成果、科技活动耗费的经费、科技交流以及科技政策和科技管理等内容；另一部分为技术经济状况，如技术资金、劳动生产率、新技术使用率以及生产现代化水平等。

（4）规划地区历史情况包括该地区的社会经济以及自然条件的发展历程，并找到影响规划完成的阻碍原因。在调查的过程中如果遇到有利因素则需要继承下来，如果遇到不利条件则需要先对其进行改进再加以利用。

第三类资料是对外部的农村区域的情况所进行的调查结果。在开展调查工作时不能只对农村的内部情况进行调查，农村的外部情况也是十分重要的内容，因为农村是一个较为开放的系统，外部的信息流、人流以及物流都在和农村的内部进行交换。对外部的地区进行调查也需要选择重点的内容进行，包括社会经济、自然环境等，同时还要将调查的结果与农村当地规划区域从不同的方面进行比较，了解外部地区和本地之间存在着怎样的关系。这种调查有利于农村规划区域了解哪些外部的条件是可以加以利用的以及确定农村规划区域的发展方面等。在规划的过程中也可以将这些调查的内容作为主要依据。

调查工作重点在于掌握规划对象的现状和发展潜力，揭示其发展规律，探讨未来发展的大致方向。在调查顺序上，一般可采取先宏观后微观，先点后面，做到既把握全局，又了解关键的细节。

第四类资料是相关成果的资料内容，包括对于综合农业区域的规划资料、不同产业的区域专业规划资料，如农业、畜牧业以及渔业等，对于土壤分布的调查结果，对土地现状的调查结果，对当地地形的调查结果等，除此之外还有一些文字类的资料和统计数据，如当地的交通和地质地貌等，同时还要根据调查的结果制作专业的专题图件，即当地的规划图以及当地的现状图。

第五类资料是一些指导性的文件并且是由上级部门发下来的，主要内容是关于农村发展的。

综上所述，搜集资料这项工作具有一定的复杂性、阶段性与地域性，资料所涉及的内容包含了许多方面，并且贯穿于区域规划的始终。其调查的主要方法有许多种，常用的有座谈访问、阅读资料、实地踏勘等，也

可以在实地调查的过程中对资料的内容进行分析，还可以结合全面调查与典型调查展开。

3. 分析和整理资料阶段

在调查完资料之后，需要对资料进行分析与整理，在这个过程中需要根据资料的内容对区域内的各类条件进行详细的评价，包括社会条件、经济条件以及自然条件。在对不同区域的资料内容进行对比时，可以找到有利于规划的因素和不利于规划的因素，同时能对区域所具有的优势进行掌握。在分析农村发展的历史、现状以及存在的问题时，就能对未来农村发展的主要趋势以及农村发展的潜力进行预测，并根据这些内容制订出合理的农村发展规划。在对区域系统进行分析时，需要依照其最终的结果完成对区域的模型系统在总体上的设计、对模型的总体结构进行确定、确定子模型中的方程形式以及其中包含的变量，要想将模型参数确定下来，需要利用如经验估计或系统辨识等方法。最后不要忘记完成有效性检验，其检验的对象为参数、模型以及方程。

资料分析评价要遵循以下原则。

（1）综合性原则。只有把自然、经济、科技、社会诸方面的因素及其相互关系进行综合研究评价，才能准确地掌握农村的整体情况，得出正确的结论。

（2）相对性原则。条件的优势与劣势是相对而言的，不做比较就无所谓优劣。只有通过比较，才能确定其优势或劣势，才能确定该农村在地域分工中的功能。

（3）开放性原则。农村是与其周围地区进行物质、能量、信息交换的开放系统。为此，在评价区情时，不能仅限于本农村之内，必须将它与周边环境，包括全县、全省、全国，甚至国际环境可能进行的交流考虑在内。

（4）动态性原则。农村的自然、经济、社会等条件均在不断变化之中，评价区情时，应联系历史，掌握当前最新的动态资料，还应对未来做出科学的预测。

（5）目的性原则。区情的评价按一定的标准进行，这些标准是根据一定的目的制定的。笼统地说一个农村资源的丰缺、条件的优劣是没有意义的，而应该根据发展战略的需要，有目的、有针对性地予以评价。

4. 制订农村区域规划方案阶段

在对农村区域进行规划时，除了要对当地进行调查研究，还需要依照区域规划的原则，将当前获得的利益与未来能够获得的长远利益结合起来，同时还要兼顾农民的利益、集体的利益以及国家的利益。在规划的过程中要时刻按照党对于国家发展以及农村政策所提出的总要求，确定农村规划区域今后的战略重点以及主要的发展方向。

在制订区域规划的同时还要对有利条件以及不利条件做出正确的评价，并根据当前的水平以及未来发展的潜力，对规划指标提出相关的建议，对区域规划的战略目标进行确定，同时还要编写相关的规划方案、规划说明以及规划图表。

在区域规划报告中，主要编制的内容有实施区域规划任务的方法、程序，区域规划任务所处的社会背景与自然环境，设计区域规划的具体方案，评价区域规划的具体方案，以及对区域规划任务提出的相关建议等。在整个区域规划工作中，最关键的内容就是设计农村区域规划方案，并且在设计的过程中，综合规划也随之形成。

关于综合规划，其规划的主要目的是对社会经济以及生态科技等多方面的内容进行掌握，其掌握的出发点为规划对象的协调观点以及整体观点。从总体的角度来看，规划的指导思想、战略重点以及发展模式等都是需要仔细研究的内容，以便能从不同的角度对规划做出准确的评价，从而获得科学的研究结论。

在对规划方案进行编制时，需要先从整体角度对其进行控制，再在局部范围内对原则进行详细分类，规划的顺序是先规划总体，再规划行业内部，最后规划各专项。针对农村区域具体的发展方向、规划的战略重点以及建议等内容，需要由相关的领导到部门同设计规划的专家对各项内容进行综合的论证与评价，再根据最终的比较结果制订相关的规划草案。

5. 规划成果整理、审查批准阶段

当区域规划被设计出来后需要对其内容进行比较，并在经济方面对其进行评述，在将最优的规划方案确定下来之后，就需要做规划方案的整理工作。编制规划成果一共有两个方面的内容。

一方面为农村区域规划报告，编写报告的主要依据为实施规划任

务时对其做出的各项要求，以及实施规划方案时对其做出的各项要求，同时还要结合区域规划的具体情况。区域规划的报告一共由两个部分组成。

第一个部分为总体规划，包括规划区域的社会经济背景以及自然资源条件。在做总体规划时需要对规划区域的特点进行整体的分析，以了解当地和周边地区之间在社会经济上的关系，以及在国民经济中，当地的主要地位。在制订总体规划时还需要对规划的主要依据进行明确，分析当地发展经济时所要依据的主要原则等，除此之外，还需要对一些内容做出简单的概括说明，如区域规划的具体内容、区域规划的具体范围、区域规划内的人口数量以及行政区划等。

第二个部分为专项规划，在编写这部分的内容时需要按照不同的专业分别编写，并对专业规划的突出特点以及一般情况做出简要地概括说明，在编写的过程中还需要确定规划的主要原则、主要依据以及具体内容等。专项规划所涉及的专业一共有三种：农业、工业以及仓储，所编写的内容包括能源供应、交通运输、风景区规划、文教和卫生事业等。如果在编写的过程中需要使用到一些附件，如综合且合理利用资源的建议、针对实施规划方案所提出的建议等，都可以添加在后续的说明书中。

另一方面为图件，图件一共包含八个方面的内容。

第一个方面为规划区域的区位图，在该图件中需要标注出规划区域内的经济地理位置，同时还需标明这些地理位置和周边地区之间在经济方面形成的重要联系。该图件所使用的比例尺通常有两种：一种为1∶300000，另一种为1∶500000。

第二个方面为土地利用的现状图，在该图件中需要对规划区域内目前存在的农村区域、集镇区域、工矿区、风景区、农业用地区以及其他作为专用地的区域进行标明，在图件中显示出其具体的地理位置以及涉及的范围。除此之外，一些类似于高压线路、机场码头、公路或铁路等位置也要标明出来。该图件所使用的比例尺通常有两种：一种为1∶50000，另一种为1∶100000。

第三个方面为矿产资源的分布图，在该图件中需要对矿产资源在规划区域内具体分布的位置、矿区在规划区域内的主要范围、规划区域内现有的矿井位置和开采场位置以及计划要有的矿井位置和开采场位置。该图件所使用的比例尺通常有两种：一种为1∶50000，另一种为

1∶100000。

第四个方面为农村区域的总体规划图,在该图件中需要对规划区域内县镇的位置、集镇的位置、农业区域、公路线路、铁路线路、机场码头、高压线路、防洪工程位置、建筑基地位置、排水口位置以及风景区位置等相关的区域进行明确。该图件所使用的比例尺通常有两种:一种为1∶50000,另一种为1∶100000。

第五个方面为农业分布的规划图,在该图件中需要对农作物分布的主要区域、农场的位置、果园的位置、林区的位置、水库的位置以及菜地的位置等都需要进行标明。该图件所使用的比例尺通常有两种:一种为1∶50000,另一种为1∶100000。

第六个方面为专业规划的综合草图,在该图件中需要对区域内的交通运输系统、供水系统与排水系统、水利系统以及动力系统都需要进行标明。该图件所使用的比例尺通常有两种:一种为1∶50000,另一种为1∶100000。

第七个方面为重要村镇的规划草图以及工矿区的规划草图,在该图件中需要对同村镇和工矿区相关的主要干道进行标明,另外还需要对一些工业企业、机场码头、仓库以及居民居住的地理位置进行标明。该图件所使用的比例尺通常有三种:一种为1∶5000,一种为1∶10000,还有一种为1∶25000。

第八个方面为区域环境质量的现状评价图,在图件中需要对污染源的性质、污染的范围、污染的程度、取水口的位置、排水口的位置、水系的分布情况、水系的流向以及目前被污染的程度等内容进行标明。该图件所使用的比例尺通常有两种:一种为1∶50000,另一种为1∶100000。

图件的内容可根据地区的具体情况和需要予以增删或合并。图件采用的比例尺应根据规划地区的大小、各种图件拟表现的内容,以及提供图件的可能性等具体情况和需要而定。

规划方案要提请地方人民代表大会审议通过,由地方政府组织规划成果整理之后,报上一级计划部门进行审查和综合平衡。经过上级计划部门审查和综合平衡并经县人民代表大会批准后,规划才能作为正式文件下达全县贯彻执行。乡级农村规划要经乡人民代表大会通过,并报县委、县政府和有关各部门共同研究批准。村级发展规划经群众讨论,通过后报乡政府批准。

6. 规划实施与检查监督阶段

当区域规划方案完成了成果的整理工作，并顺利通过评审后，就可以将区域规划正式投入实施中。其主要实施的是年度计划，同时还需要对实施的具体情况进行检查与监督。在这个过程中还需要确定实施总体规划时的一些细节，对规划实施的具体情况开展定期地检查，以便对实际情况进行追踪与评价。可由各部门自检、互检，或由领导部门组织人员进行检查，以利于及时发现实施中的问题，及时反馈，适时进行动态的调整、协调。

## 第二节　乡村规划的任务与内容

### 一、农村区域规划与设计的任务

在较长的一段时间范围内对农村产业的发展方向、农业生产的发展方向、农村产业的发展规模、农业生产的发展规模以及发展农业的关键方案等内容进行安排，就是在实施农村区域规划的任务。简单来讲，对农村的生活体系以及区域生产进行合理的建立，就是为了向农村区域提供一个合理的发展规划，同时这也是计划部门在对农业发展规划进行编制时所需要的重要依据。

在对农村区域进行规划时，需要考虑到农村区域发展的长远利益，以及农村区域的整体情况，同时还要对农村区域进行统筹兼顾，结合其实际情况，合理安排农村区域现有的生产力，合理规划农村区域的人口。在规划的过程中会遇到一些生产性和非生产性的建设，这些建设通常存在于为实现当地社会发展以及经济发展所设计的长期规划中，对于这些建设需要进行合理布局，保证其能够实现协调发展。做这些事情的最终目的是为生活在农村的居民提供优质的生活环境与舒适的生活氛围。在农村区域规划中，其主要包含的任务有以下几个。

（一）把握规划区域内社会经济发展的基本资料

在对农村区域的规划内容进行编制时，其最主要的依据就是能够掌

握区域内的经济与社会发展的基本资料。这些资料的主要内容为当地长期计划内容以及在发展的过程中所使用技术的基本资料,在收集到这些资料后再对其进行分析与评价。之后为确保当地的产业能够按照合理的结构与规定的内容顺利发展,需要对当地的各项资源都有充分的了解,再根据当地生产力布局的基本原则,对规划区域的社会发展、经济发展的方向以及发展的任务进行完善。

(二)合理布局规划区域内的各项生产力

为了使规划区域内的社会经济能够在全方位得到协调发展,需要对该区域内的各个行业进行合理的配置,包括农业、林业、畜牧业、商业以及服务行业等,其配置的主要依据为农业区划的成果。合理布局就是对不同的行业所应用的生产土地范围进行合理安排,避免不同行业的用工、用地以及用水等方面产生矛盾,有一些行业如需建设副食品基地,则将其安排在城郊的位置。

(三)对规划区域内的人口以及农村居民点体系制订相关规划

想要满足人们对物质生活以及对文化生活所产生的需求,就需要做到发展。为了提供给规划区域内的居民一个优质的生活环境,就需要制订农村居民点体系,同时该体系不能违背工农业的发展要求。制订该体系的前提条件是要合理分布规划区域内的人口,并处理好它们同自然之间的相互关系。

(四)对带有区域性的公用基础设施进行统一规划

社会上的公用基础设施是会影响到人们的生活质量以及社会发展生产的,如生活服务设施、交通运输设施以及能源供应设施等。在对这些设施进行布局时,要注意符合工农生产的布局以及居民点体系的布局,并使这些内容互相之间能够完成协调与配合。举个例子来说,当某一个地区为开发利用水资源而开展水利建设工程时,首先要考虑在相邻的地区之间该怎样分配这些水资源,其次要解决因分配水资源而产生的矛盾,最后再对水利建设工程进行合理规划。

(五)保护好环境,让规划区域内的生态系统实现良性循环

生态环境很容易因为没有合理地开发资源或没有合理地运用资源

而受到污染和破坏。如今,保护环境在世界范围内都已经变成了最重要的内容。如今人们在面对环境的问题上,更多的是希望能够减少对居民点、水源地、旅游区造成污染,并且对历史文化古迹、自然风景区多加保护。针对农村开展的区域规划也同样需要避免对环境造成破坏,同时要预防自然灾害,对于已经遭到破坏的生态环境,需要开展生态重建工作帮助其恢复生态平衡,让生态系统实现良性循环。同时,为进一步优化农村的环境,可以做一些园林绿地的规划,建设更多的文化设施,添加更多的休息场地。

#### (六)为获得最高社会经济效益,实行统一规划与综合平衡

在农村区域规划中,最基本的一种规划方法就是统一规划,综合平衡,即研究多种不同的技术经济理论,并对其内容进行比较,在挑选方案时要考虑在经济上是否能做到合理,在技术上是否能做到正常实施。使用这种方法主要是为了实现效益最大化,包括生态效益、经济效益以及社会效益。

### 二、农村区域规划与设计的内容

在对乡村进行规划时,其规划内容的制订需要同当地的实际情况相结合,并对规划的目的有所明确。

第一,对乡村进行规划是为了使农民种田更加方便。对于居住在乡村的农民来说,种植就是他们主要开展的产业工作,因此农民居住的地方和农民耕作的地方要有适当的距离,如果之间相差的距离较远,对于生产活动来说并不方便。

一般来说,北方旱地为平原地区,旱作田间管理要求相对低,农具类型少,耕作半径可以大一些;而南方丘陵从事水稻种植地区,田间管理任务重,农具多,地形复杂,耕作半径应小些。

第二,方便农民生活。现在规划人员总是认为传统的独门独院不好,没有现代感,不开放,总是希望把大家装进一幢楼,那么农民的粮食怎么储藏?农机工具放哪里?农民还能不能养鸡养猪?绝大多数农民一年打几千斤粮食,怎么能扛上楼?

除了将卫生所、商店以及服务中心等作为新的规划点,将食堂列入规划范围也是比较合理的。居住在乡村的村民将喜事与丧事都看得很

重，如果有个食堂，也方便村民举办这些事宜。

第三，农民居住的房屋应具有多样化，并带有一定的特色。乡村规划的设计人员可以让农民在其提供的房屋套型中进行挑选，一般所提供的类型都是按照村民的喜好来的，并且村民选择的也是同自己的生活习惯和经济条件相适应的。

为了方便推进村庄建设管理工作，需要编制乡村式规划[①]，在推动乡村地区的社会经济和环境协调发展的同时，加快推动乡村城市化的发展，同时还要做到节省土地面积、保护自然环境以及保护历史文化。在对乡村规划进行编制时需要遵循五项原则。

第一项原则为乡村的规划应在城市总体规划的引导下，按照区域进行规划，针对城镇做出总体的规划，市、区和镇对土地的利用也需要做出总体的规划。

第二项原则为始终坚持节约用地、因地制宜和合理布局。对于乡村中许多地区都要进行有效的保护，如生态林区、农田保护区以及蔬菜生产基地等，除此之外还要保护好乡村的生活环境，针对各类污染做好防护与治理，避免遭受更多的公害。

第三项原则是关于城市规划发展用地的内容，其制订的城市规划主要存在于乡村区域范围内，确定发展用地的依据包括城市的总体规划、各个区域的规划内容、城市中对于公共服务设施的规划、城市中对工程管线的规划以及城市内其他基础设施的规划。

第四项原则是乡村规划建设的方式有两种：一种为集中建设方式，另一种为相对集中建设方式。这两种方式都能对村民的居住位置进行合理的安排，对乡村中的设施建设进行合理的布局，避免在建设的过程中没有秩序，随意进行。

第五项原则是建设用地在乡村规划中只能让村民用作居住、开展生产活动或用于发展经济，除此之外的活动均不可使用该建设用地，尤其是房地产开发经营。

分析乡村规划的内涵可以发现，凡是不将城镇包含在内的大型乡村

① 编制乡村式规划：《乡村振兴战略规划（2018—2022年）》对实施乡村振兴战略工作做出了具体部署，强调实施乡村振兴战略要坚持规划先行。编制村级规划是乡村振兴战略实施的重点和难点。重点是因为村是乡村的基本单元，只有村级规划编制好、实施好，乡村振兴才能落到实处、取得实效；难点是因为以行政村为单元的村级规划不同于城市规划和乡镇规划，它更加强调参与性，即村民要参与到规划当中来。

地域规划都属于村镇规划，其主要包含三个层次的规划内容：第一个层次为村镇体系规划；第二个层次为村镇总体规划或村庄总体规划；第三个层次为村镇建设规划或村庄建设规划。其中同村庄相关的规划主要有两个：一个为村庄总体规划；另一个为村庄建设规划。在实际操作的过程中，通常会将最后两个层面的内容统一进行规划和编制规划，并将这种操作称作村庄规划。

事实表明，想要使规划的效率得到提升就要将村庄总体规划同村庄建设规划相结合，同时能够使村庄的长远发展满足于目前建设的需求，方便规划的实施。村庄规划在正式实施建设社会主义新农村战略之后，其地位逐渐显现了出来，分析村庄规划的主要内容，包括整治规划、村庄布点规划以及建设规划。而新农村建设规划体系，就是由上述规划内容同基础设施建设规划以及农村产业发展规划等其他规划共同组成的。

乡村规划的编制质量首先取决于现状分析，许多规划人员在编制乡村规划时，存在两种态度。一种是简单化倾向，认为乡村规划的现状分析与调查城市一样，只是内容更加简单。将简化的城市现状调查内容与表格应用到乡村，结果导致对乡村肤浅的认识。另一种是复杂化倾向，把调查城市的一套内容不加选择地应用到乡村规划，结果导致许多调查内容空缺，造成对乡村认识的模糊化。

乡村规划的出发点为县级区域或市级区域村庄的现状以及背景，对于县级区域的村庄规模或市级区域的村庄规模，需要通过分析行政村庄的数据内容进行确定。除此之外，村庄的产业与职能、村庄的空间、村庄设置分布的类型与设置分布的特点也同样需要依照这些数据内容进行确定。

在明确当地的城乡职能同城乡空间之间的关系时，需要对当地城市化发展的途径有所了解，还要结合当地城镇体系规划的实际情况以及城镇总体布局的实际情况。在明确村庄的功能同村庄空间之间的关系时，需要对当地人文资源以及自然资源有所了解，还要结合当地对于基础设施的保护开发与分布发展的实际情况，以及当地对于各项社会服务设施的保护开发与分布发展的实际情况。

在乡村规划的过程中，除了对乡村居民居住地的质量现状以及居住地的分布现状进行分析外，还要对以下几个方面的内容进行分析。

（1）分析乡村的功能联系。城市与乡村并不是两个分开的部分，而是一个整体，并且二者互相之间还存在着某种联系。城市周边的乡村地

区在城市规划的过程中被当作城市可以发展的空间，在对乡村进行规划时，对于城市与乡村之间的空间功能联系也更加重视，同时这种空间功能联系也是城乡功能联系中的重要规划内容。从功能上来看，乡村是离不开城市的，如果没有城市，乡村也得不到发展，因此城市与乡村之间始终是相互影响并且相互作用的。在制订发展战略时需要对许多指标进行分析，如环境指标，包括自然条件和生态现状等；经济指标，包括产业结构、就业岗位以及收支情况等；人口指标，包括人口增长速度以及人口流动等。分析这些指标都是根据不同空间类型下的数据信息，从而准确地分析出当前乡村地区的主要问题以及乡村地区的发展动力，同时还能从整体的角度分析乡村内部功能的差别和相互之间的联系。

（2）空间与交通的分析。乡村空间的重点是村居民点，居民点是乡村规划的核心，充分认识乡村居民点的重要角色是空间规划的主要组成部分，是乡村规划的关键。空间规划的另一项重要内容是产业规划，在我国许多地区存在着重工业轻农业的现象，这是一种本末倒置的现象。或许以工业为主的空间布局在局部发达地区是成功的，但就全国广大乡村而言，不值得提倡这一产业空间模式。乡村仍以农业为主，根据条件发展特色农业、乡村旅游业等是乡村产业空间布局必然的趋势。与空间规划紧密相关的是交通规划，在交通规划中，对乡村最具有广泛影响的是道路系统，道路的修建往往是带领乡镇经济与社会发展的关键，目前我国乡村公路建设存在的主要问题是道路狭窄、路况差，缺乏合理的规划设计，道路的附属设施不全等，这些现象都严重制约着乡村经济的发展，也给人们的生活带来很大的不便。因此，道路建设的过程中首先要根据当地经济条件和实际需求确定路网规模、类型和分布，与实际的车流、人流、物流量相适应，不能盲目建设过宽的道路；其次，乡村道路建设中要根据经济社会发展的空间分布情况，对路网规模等级、主次及分工进行合理的规划布局；最后，道路建设过程中要充分结合地形地势，为各种管线建设预留空间，考虑地面排水的需求等。

在对乡村规划的现状以及乡村的特点进行分析后，最终确定乡村规划一共包含了九个方面的内容：第一，针对村庄的发展用地要进行合理的布局，并确定村庄在未来的发展方向；第二，针对村庄的道路交通要进行合理的安排，同时对村庄的内部交通和外部交通之间的联系要做好处理工作；第三，针对村庄的公共设施要设定合理的位置并确定其规模，包括幼儿园的位置与规模、小学的位置与规模等；第四，针对村庄的

生活环境要进行合理的改造,保证生活环境的卫生,同时还要保证不会破坏旅游接待的环境;第五,针对村庄的景观环境要进行合理的营造,规划公共绿地以及公共的活动空间,对河流岸线进行绿化改造,对村民的住房也要进行改造,保证乡村内的住房建筑具有统一的风格,从视觉上改善环境质量;第六,针对村民的住宅,为其挑选的户型既要同当地的自然条件相适应,还要同当地的经济条件相适应;第七,针对基础设施建设要进行优化与完善,包括对供水系统、排水系统以及污水处理系统的完善以及电力系统的完善等;第八,针对管理体制需要建立全新的内容,有利于未来成为旅游胜地后建设优质接待区;第九,针对建设经费的来源,可以通过选择建设主体模式进行确定,建设主体模式一共包括两种:一种是由个体进行建设,另一种是由开发商进行建设,从而确定经费的来源,还需要在建设开始之前对所需的费用进行预算。

这些都是乡村规划要做到的最基本方面。但是不管怎样,乡村的居住主体是农民,不论是他们的生活习惯还是对周围环境的审美观都有着很大的差异。如今经济条件好了,农民们当然希望生活品质也得到相应的改善,但是这并不意味着要建成城市中的小区那样,因此在规划的时候保留更多的乡土景观或许更适合农民们的生活习惯,更加的人性化。

有一些景观元素对于中国的民众精神、国土风貌以及各个地区的景观特色来说都具有十分重要的意义,却没有受到任何部门的保护,这些景观元素就是乡土景观。在这些景观元素中土地的格局以及空间之间的联系都被包括在内,村庄内的任何一条路或一棵树都可能是一位村民最重要的精神寄托,而中华民族草根信仰的基础就来自这些景观元素和先人们的思想精神。

建立我国农业社会的基础就在于人们对世间万物的崇拜,对土地深深的信仰,以及对祖先的崇拜,并且在建立的过程中在人们的心中形成了一个稳定又牢固的心结。人们对家乡会产生强烈的归属感,对民族精神会产生强烈的认同感,这都是因为人们热爱自己生活的这片土地,这片土地承载了先人的智慧与思想精神。

在乡村里存在许多的“乡土观”,如在乡村道路的两旁有用来养鱼的小池塘,在村头有人们最爱的小店,在店的门口有人围坐在一起下着棋、聊着天等,这些都是人们归属感的来源,当这一切还没有被城市所替代的时候,人们需要珍惜这样的时光,因为在未来的日子里,乡村会逐渐被开发起来,城市的规模开始向乡村延伸,村民原本的生活都会

因这样的发展变化而受到影响。因此，在发展和规划的过程中，需要对乡村的自然景观进行保护，要做到“以人为本”，维护村民正常的生活。

在规划的过程中对于环境的保护一定要重视起来，只有重视了才能实现保护，如果从一开始就忽略了这一点，那么在未来的日子里就需要人们花费更多的时间来恢复环境，这是一种得不偿失的行为。在乡村中有一些特质是需要被保留下来的，在乡村中有许多具有特色的景观是值得被保护的，村民对于乡村中的一草一木都是带有感情的，就算将村民的生活方式改变了，他们心中的情感是永远都不会变的，所以在规划的过程中要尊重村民的生活习惯，尊重乡村内的自然景观。

## 第三节　乡村规划的理论依据

人们在思想上的高度来自规划，人们在理论上的深度来自规划，人们在实践中的信度也同样来自规划。为在乡村规划的过程中始终坚持科学发展观，需要做到尊地之规、束人之行、因地制宜，其中尊地之规指的是要做到人与自然能够和谐相处，束人之行指的是做到人与社会能够和谐相处，因地制宜指的是开展科学的战略规划。

### 一、尊地之规

乡村自然环境是乡村存在的基础，也是乡村生活环境优于城市生活环境的关键。

自然本身是不存在生命意义的，是人类的认识赋予了它价值，这主要体现在两个方面：一方面，人类对自然的保护使自然始终存在于社会中；另一方面，人类与自然始终保持和谐的状态使自然呈现出了它的美感。想要做到人与自然和谐共处，就要做到在利用自然的同时保护自然，在认识自然的同时尊重自然。在乡村规划的过程中，针对这方面的内容需要做到两点。

第一点，要确定人类在自然中的活动容量，不能不断地破坏自然和索取自然，因此需要确定好乡村规划的规模以及乡村建设的功能，并按

照确定好的内容开展工作。人和自然之间能够做到和谐相处的最高境界就是实现许许多多的村落按照自然分布的方式生活在群山之中。

第二点，对乡村的地形地貌以及地理位置做好充足的调查与研究，建设场景中原有的地理条件可以适当地加以利用，使建设的建筑物在自然中和谐共处，并形成当地的特色。这种做法在保护环境的同时维护了生态的平衡，使人类可以在自然环境中更好地生存下去。

## 二、束人之行

我国的乡村文化是在我国历经了上千年的农业文明中形成的，生活在乡村的农民都在依附着自己的土地而存活，因此农民的个体行为要更多一些。农民可以在自己的土地上做任何自己想做的事情，如在土地上开展自己擅长的生产活动等。现代社会文明是在长时间的发展下形成的，在这样的文明中农民都已经形成了固有的思想观念，为了使农民生活的社会更加和谐，就要求他们相互之间要和平共处，但是在农民之间总会在思想上或行为上产生一些冲突。例如，当有人侵占了自己的土地时，拥有这片土地的农民既不想做出妥协，也不愿意让别人在自己的土地上开展各项活动。因此，在规划乡村的过程中，将不侵犯农民的利益作为基本的原则。例如，可以在交通比较方便的道路两旁以一字形的方式为农民建设房屋，如果农民觉得这样无法使自己的空间权益得到保障，自己可以在房屋的周围建设围墙。

在规划乡村的过程中，为了保证农民之间能够和谐共处，就需要针对农民的问题制订相应的要求与规则，让农民的行为活动在规则下进行，从而使整个乡村社会变得更加和谐。

## 三、因地制宜

我国的地域范围十分宽广，虽然城市之间和乡村之间都存在一定的差异，但是乡村之间的差异比城市之间的差异更大。在开展城乡经济发展活动时，需要对乡村进行规划建设，并在规划建设的过程中始终坚持科学发展观，做出因地制宜的规划建设。

首先，想要做到因地制宜，就要对规划区域内的人文条件以及自然条件进行详细的研究与分析。不能盲目照搬其他地区的模式应用于本

地区，发达地区有发达地区的条件，欠发达地区有欠发达地区的条件，不能采用相同的模式。“世界的不是民族的，只有民族的才是世界的”。在规划建设的过程中，如果直接使用其他地区包括国外的建筑风格以及建筑理念，没有考虑当地的情况适不适合开展这样的建设，或没有考虑符不符合当地的文化习俗，那么这种规划建设只有在头脑的幻想中才是一种完美的规划建设。

其次，想要做到因地制宜，就要对当地村民的生活方式以及生产方式有所了解，如在规划乡村生活方式时就不能按照城市居民的生活方式进行。乡村生活空间中有两大特点：一是自然空间远大于村庄居住空间，二是生产和生活空间相结合。在乡村规划建设时，需要保留村民居住空间的生产功能，即在居住空间中设置农具摆放空间，村民在居住的同时还有空间开展副业的生产活动，如在家晾晒谷物或饲养家禽等。

再次，想要做到因地制宜，就要在规划建设的过程中对人文环境进行构建，有一些乡村内的建筑和街道都存在一定的历史价值，在规划建设的过程中要注意不要对其造成破坏。如果乡村本身没有这些建筑景观，可以在规划建设的过程中适当地为其添加一些传统的古典建筑，如牌楼、塔楼或者小亭子等，并按照历史原型进行修建，为乡村添加具有标志性的建筑。这样不仅为乡村创造了人文氛围，还对历史文化进行了传承，同时有利于为乡村提供社区功能。

最后，想要做到因地制宜，就要在规划的过程中考虑乡村的实际经济发展水平。欠发达地区的乡村和发达地区的乡村在面对差异时所做的规划是不同的。下面将介绍在八个不同的差异下，不同地区的乡村所做的规划。

第一种差异为内容差异。欠发达地区的乡村主要追求的是经济发展，对于规划的内容分出了重点与次重点；发达地区的乡村主要追求的是全面发展，重视乡村的协调发展。

第二种差异为产业差异。欠发达地区的乡村更加注重农业基础，主要走的是绿色产业发展道路，实现以农带工或者是以农带商，尤其要带动加工业；发达地区的乡村更加注重大规模的工业化生产。

第三种差异为用地布局差异。欠发达地区的乡村用地的主要依据为基础的住宅基地；发达地区的乡村用地的主要依据为城镇居住小区的规划。

第四种差异为发展策略差异。欠发达地区的乡村主要是对现有的

山河湖泊进行开发利用,更多的是利用原有的建筑风景带来的优势,即后发优势;发达地区的乡村主要是利用工业化道路以及先发优势。

第五种差异为灾害防护差异。存在这种差异主要是因为乡村所处的地形有所不同,欠发达地区的乡村主要实行防洪;发达地区的乡村主要实行防涝。

第六种差异为特色差异。欠发达地区的乡村更注重发展村庄内原有的环境特色以及古朴的风格,在规划建设的过程中主要是对村庄的空间格局进行保护,对村庄原有的特色建筑进行维修,并改善村民的生活环境以及村庄内的基础设施;发达地区的乡村其特色发展的趋势为城市特色。

第七种差异为编制过程差异。相比于发达地区的乡村,欠发达地区的乡村对于规划编制的过程更加重视,在规划的过程中让村民也参与进来,负责规划的工作人员还要和村民之间进行互动,为村民普及规划事宜。

第八种差异为经济来源差异。欠发达地区乡村的经济来源主要是依靠政府的支持,会有一小部分来自多方的筹措,在这样的条件下其规划建设活动主要为计划性,很少有市场性特征;发达地区的乡村本身具有雄厚的实力,因此其经济来源大多是通过自筹所得。

根据上述规划思想,乡村规划需要构建自己的理论,城市规划的理论对构建乡村规划的理论具有重要的借鉴和引导意义,但完全采用城市规划理论去规划乡村,必然导致乡村规划只有城市的形式,而无乡村的内容;只有纸上美好蓝图,而无实际应用价值。构建乡村规划的理论需要注意以下几个方面。

第一,乡村功能的实用性与简约性。乡村和城市不同,其功能要更加的简单。在乡村发展的产业主要为农业,也有一些零售业,但都是小型的,主要为了满足村民的日常生活所需。如果是发达地区的乡村可能会有乡村工业。因此,在对乡村进行规划时,不需要对其功能进行分区或做一些更复杂的规划。例如,人车分流,将功能分成几个组等。乡村最主要的美感就在于它的简约,也同样是因为它的简约使其更加的实用。

近年来对农村进行的规划建设大多没有对村民们的生产空间加以考虑,其居住空间也是仿照城市进行的规划。在对村庄进行建设时不能按照人均建设用地的指标来进行,而是考虑村庄居住空间的尺度。村民

最需要的就是院落，所以可以为村民设计多种类型的院落空间。有的用围墙围合，有的用栅栏围合，有的就是一块空地，但它显然依附于住宅，院落是居民生产与生活共同使用的空间，村民既把它用来晾晒谷物、饲养家禽，也是村民进行交流的场所。居住在城市的居民是没有这种空间的，因此院落的规划需要有充足的空间，并成为村庄中最具吸引力的空间，让村民有足够的兴趣与空间开展活动。

第二，乡村需要设置能够保护其安全并进行防卫的规划。和城市相比，乡村要显得更加的安静，村民在村庄中安居乐业并将村庄看作他们生活的乐园，也正是在这样的村庄中，才会存在许多淳朴的村民。因此，在规划建设上，更加重视其是否具有能力抵御自然灾害，其生活的社会环境是否足够安全。

对于前者，村庄依旧会遭受水患，并且防汛工作的开展也始终充满困难，许多地方的村民更加关心的依旧是兴修河堤以及对险段进行加固的工作。对于后者，村民们不仅将自己家人的生命安全看得很重，和周围邻居之间也始终和睦相处，互相维护对方的利益，在乡村，大家认为互帮互助是十分重要的事情。因此，在对乡村进行规划时，其居住的环境不仅要做到有特色，还要做到安全，在规划的过程中需要使用科学的方式方法，把握乡村规划的重点、难点以及特点。这样的规划不仅包含了村民的社会安全，也包含了村民的心理安全。

乡村住宅区的规划与城市居住小区不一样，是开放型的，四周并没有围墙或其他人工建筑物。村庄四周一般是农田或自然地物，如山、河流河渠等。村庄的安全不在于控制多少个出入口，而是充分考虑以下三个方面。一是村庄选址，由于村庄财力有限，交通基础设施不足，村民喜欢沿路修建自己的房屋，这在一定程度上方便了居民出行。但这种布局模式给村民安全带来了隐患，随着乡村基础设施的改善，村庄应远离区域快速干道。二是村庄内部空间的优化，村庄内部主要的道路做到“顺而不穿，通而不畅”，既避免外来车辆穿村而过，又可以营造一种相对安静的私密居住环境。三是院落空间从封闭空间变为开敞空间时，要注重各个部分以及四周邻里空间的互通，从而做到村民彼此之间的关照。对于现代的村庄在进行规划时则需要多借鉴城市规划，将消防安全也考虑在规划范围内。

第三，在乡村建设信息系统。在乡村主要从事的是农业，其最大特点是分散经营；在城市主要从事的是工业，其最大的特点是集中生产。

也正是因为这样的特点使二者在选择区位时产生较大的差别，也使得农业的发展更加落后于城市。

现在的人类所处的时代是信息时代，乡村也可以像城市一样建设信息系统。乡村在信息系统的建设下也同样能够接收信息，并保证接收信息的渠道始终保持通畅，让村民们在现在的社会上不再是被动的地位。

目前，在经济发达地区，许多乡村产业的发展已离不开信息服务，网络已走进家庭。在一些区域内，农业部门已经拥有了资源共享的能力，并依靠网络技术实现共享，即使是使用不同的网络类型，也可以实现互联互通。有一些乡村还拥有了短信服务平台，可以利用网络对短信息进行传输，同时完成整合电信运营企业网络资源的工作。在乡村内建设信息系统时也要对乡村特点进行结合，同时还要做到创新，因此城市信息系统的建设模式不是一定要完全应用的，要注重提升“三农”的协同服务能力，提升整合农业信息资源以及共享农业信息资源的水平。

第四，对乡村内的多条线路进行完善。在我国，城市与乡村之间的差异表现在多个方面，其中最显著的差异在于基础设施，我国的乡村经济之所以发展缓慢，很大一部分的原因来自落后的基础设施，同时还会对乡村同外界之间的经济联系以及农民的生活质量产生重要的影响。

乡村的基础设施主要有交通设施以及市政设施：在乡镇的社会经济活动中，最重要的基础设施是交通系统，人们同外界之间的联系，车辆的运行也都是需要依靠交通系统来实现的；想要让乡镇充满生命力，就要保证市政设施系统始终保证运行，包括电力系统、排水系统以及热力系统等，有了这些设施系统，乡镇居民的生活质量才有所保障，乡镇的运行效率才能得到提升。

由此可见，在建设新农村和城乡统筹发展的过程中要做到对乡镇基础设施的完善。

# 第四章　乡村村庄的规划体系与地域特色建筑空间营造

## 第一节　村庄规划体系分析

以行政村范围为地域单元开发的规划，可以按照《中华人民共和国城乡规划法》和相关规划标准的要求，编制村庄总体规划。与乡镇域层面的“村庄总体规划”不同的是，村庄总体规划是以行政村为单位的村规划，其中的村庄人口规模、用地规模、结构和布局都会有明确的论证，量化指标也较为具体。

在农业相对发达、农村规模大、居民点相对较为分散的地区，当乡镇域层面的“村庄总体规划”没有界定乡、村的规划区时，一般需要先编制村庄总体规划，以论证和明确控制、改造、整治的自然村和新建的村庄建设规划范围，作为村庄下一层面改造、整治和建设规划的依据。例如，浙江省嘉兴市王江泾镇虹阳村[①]是其中的实例。

① 虹阳村位于浙江省嘉兴市以北，地处王江泾镇最西面，“和尚荡”和“天花荡”镶嵌其中，是商品鱼和珍珠蚌的养殖基地。

## 一、村庄总体规划编制的必要性

### （一）村庄规模大、布局相对分散

#### 1. 人口多、村落布局分散

人口多、村落布局分散是农业社会长期形成的特征，这已不适应现代农业生产、农村居民生活方式和土地开发建设条件。村庄总体规划的首要任务是将分散的村落化零为整。因此，编制村庄总体规划的首要问题是解决自然村落多、布局相对分散的现状。

#### 2. 居民点建设用地规模大

2011 年全村居民点建设用地面积为 50.97 公顷，占村土地面积的 8.3%，人均建设用地为 158.3 平方米，一般自然村的人均用地在 137 ~ 250 平方米，其中最大的人均为 514.7 平方米，其建设用地面积为 7.62 公顷。①

### （二）外向型基础设施布局的影响

村庄内的外向型基础设施不仅为村庄内的居民服务，而且也为周边的村镇居民服务。因此，考虑这类基础设施的布局，不应局限于该村庄的自身特点与条件，而应考虑更大区域层面的城镇、村镇体系的布局特点。区域性基础设施也是村庄外向型基础设施，对村庄的居民点布局影响很大。例如，嘉兴市虹阳村规划时涉及的区域性基础设施就有公共建筑、一二级公路主干线及水电等市政设施等。

#### 1. 公建设施

虹阳村设小学一所，同时服务于周边村庄。现在校学生为 1400 人，占地面积约为 15347 平方米。已经建设完成的幼儿园位于小学西北处，占地面积约为 2122 平方米。村庄入口处有一卫生院，同时服务于周边村庄，占地面积约为 4200 平方米。虹阳村农贸市场位于村部南侧，占地面积约为 2262 平方米。虹阳村信用社位于老街东端，占地面积约为

---

① 王福定．农村地域开发与规划研究[M]．杭州：浙江大学出版社，2011.

900平方米。虹阳村大村落设有简易便利小店，其大多位于村落人流出入口处。虹阳村村部位于小学东，用地面积约为2872平方米。公建用地共计面积为30702平方米左右。

2. 道路与交通设施

乍嘉苏高速公路自南至北穿越虹阳村，建设中的申嘉湖(杭)高速公路东西穿过本村，两条高速路在本村设互通式立交桥。另外，规划的杭嘉城际铁路、轨道交通由北向南穿越虹阳村。虹阳村内另有一条三级公路，是本村集镇与城镇镇区联系的主要道路，村庄内、村落间的联系主要是四级或四级以下的简易公路。

3. 市政设施

虹阳村设有一电信大楼，同时服务于周边村庄，位于小学东北，用地面积约为2300平方米。虹阳村大多自然村落设置自来水给水系统。全村自来水普及率为85%，由王江泾自来水厂统一供水。各村落无统一的排水系统，生活废水直接排放至河道。粪便等生活污水除禽畜养殖户采用沼气池处理设施处理外，一般均用于农用施肥。虹阳村现在尚无垃圾处理设施和垃圾收集点。

(三)村庄耕耘离不开农业规划

农业是农村的基础，农业生产发展对农村生产、生活有重要的影响。农、林、牧、渔业等不同的生产类型对农村居民点的布局有很大的制约作用。从长远来看，即使同一农业类型，如生产作业方式不同，农业技术水平的提高对农村居民点的布局也会产生影响。因此，村庄总体规划中，农业区划显得极为重要。

## 二、村庄总体规划的目标与内容

(一)规划期限和目标

规划期限和目标是村庄总体规划必不可少的内容。在实际规划编制过程中，可以先设定规划要达到的短期目标，再根据实施的可能性，确定相应的规划期限。或者以城镇体系、镇域村镇体系规划等上一层次的规划期限为依据，预测乡村在相应时期的规划目标。规划期限与目标

是不可分割的，是实施规划和评价规划操作性的基础。由于村庄总体规划解决的是用地面积的问题，因而在确定规划目标与期限时要注意：一方面以上层规划有关村庄用地计划指标为依据，另一方面根据村集体经济水平、村人均收入和可支配能力，明确村庄建设用地需求与土地整理目标。一般情况下，遵循规划的可操作性和中国相关规划标准，村庄规划期限为5年，同时为使村庄建设、改造规划与上一层次规划相协调，可设定远期期限为20年。

除此之外，对于村庄规划目标而言，还需要对农村现代化和城市化的发展要求进行满足，根据城乡进行发展计划的统筹，保证其规划与当地的生活方式和生产方式是相匹配的，对于未来的形式变化和农村社区环境是满足的。

### （二）规划内容与原则

#### 1. 规划内容

从用地层面看，村庄总体规划内容包括生产用地与生活居住用地的布局两大类。

生产用地包括工业生产用地和农业生产用地。村庄生活居住用地包括村庄住宅用地和社会、市政基础设施用地。而社会、市政基础设施用地包括供电、电信、给水、排水、道路交通和环境环卫设施用地等的总体部署。

#### 2. 规划原则

村庄规划的实施主体是村民，村庄规划主要考虑村民的意愿及其文明演进规律。为此，村庄规划原则主要包括如下几点。

（1）以村庄的社会经济现状和发展为导向，调整村落生活与生产空间。

（2）尊重原有特色村落风貌和社区结构，保护村庄原有的自然生态环境风貌。

（3）正确处理非农生产与农业生产空间，以及农业内部各种类型的用地空间关系，为现代农业发展提供空间条件。

（4）坚持规划的可行性，协调规划近远期的关系。

## 三、村庄发展规模

### （一）人口发展规模

虽然在城市规划时，按照统计口径将就业城市的暂住（农村）人口归为城市人口，在城市化不断推进过程中，这与农村人口将逐渐减少的思路相符合。然而实际村庄规划时，村庄人口规模通常按照农村户籍人口的口径计算，这是因为我国目前农村宅基地的享受权益（审批）是按照户籍身份为农业户口的这一标准制定的，而不是按就业类型和构成确定。也就是说，就业于城市的农民工，仍然在其户籍村所在地，享有批建宅基地的权利（通常为一处）。因而，除户籍外迁的机械增减外，按照自然增长的村户籍人口规模总是在增加。

根据《嘉兴市农村居民点规划（2003—2020年）》，虹阳村结合自然村的整治规划，按总人口的5%迁移至集镇和基层村，25%仍留原地从事农业生产计算，2020年，集镇人口为3000人，基层村人口为300人，整治和迁移后，小部分仍留居原自然村的“农庄”居民为1000人。

### （二）建设用地发展

建设用地发展应着重对不同类型、不同规模的村落用地进行规划布局，并按照宅基地的面积标准，匡算居民点的用地规模。例如，嘉兴市虹阳村，根据王江泾镇国土资源所提供的农民建房面积标准，新建小户可建105平方米，中户可以建140平方米，大户可建170平方米。若按现状住宅户864户计平均户人口为3.8人，而按140平方米/户算，农村居民点住宅用地为11.7公顷，若按原拆原建150平方米/户计，则为12.5公顷，考虑公共建筑、宅间小路等因素，按住宅用地占村居民点用地75%计，则居民点用地分别按上述情况时的用地为15.6公顷和16.7公顷，均低于现状村居民点用地。因此，该村庄总体规划中，除新建农村居民地规划布局外，村庄整治规划也应成为重点内容。

## 四、村庄总体布局

### （一）村庄等级与结构

村庄总体规划的规模等级一般分为两级，即中心村和基层村。就某

一个村而言，是否需要设中心村，取决于其服务范围内的人口规模。通常情况下，当村庄服务范围内的常住人口达到2000人以上时，就考虑设中心村。例如，虹阳村的行政区域范围内的居住人口已达4500人，再者虹阳村历史上就有为周围村庄服务的功能，所以虹阳村可按中心村规划。

根据村庄建设用地条件的评价和现状村民点规模的分布特征，规划应分别按照近期和远期的目标要求进行不同等级的结构布局。例如，虹阳村的近期和远期结构布局如下。

1. 近期

1个中心村（集镇），11个基层，10个整治点，即南浜、东港郎等，在近期规划中根据未来基础设施廊道和城镇建设要求，进行整治迁建。

2. 远期

1个中心村（集镇），2个基层村，若干整治点：除近期规划的几个整治点外，按照人口的外流和部分农户就地居住要求，将钱家、木桥、踏墩头等，通过新老建筑的整治和协调处理，使之成为农庄型的农户居住社区。

（二）村庄空间布局

1. 中心村（集镇）

在村部和小学附近，结合商贸等公共建设设施形成一个相对集中的集镇，作为全村及周边村庄的服务中心。

2. 基层村

对规模相对较大的村落，通过村内闲置地、自留地的综合开发和利用，形成相对集中的适应农业和农村生产的村居点。

3. 整治点

通过土地综合利用条件的经济分析，对部分村落规模相对较小，而且不宜发展的村庄，在规划期内以整治和疏解为主。整治点内不再批建各类住宅建筑用地，也不强制拆除已有用于居住的住宅建筑，对一些愿意在原地居住的农户的建筑，根据建筑环境情况，分别整治而形成新的村居点。

## 五、生产用地布局引导

### （一）农业生产用地布局引导

村庄的农业生产用地比例较高，不同农业生产类型应与不同的基层村结合，同时避免农业生产用地对村庄居民点的影响。现以虹阳村为例进行说明。

#### 1. 农业生产用地类型

虹阳村农业生产用地包括水稻种植业用地、家禽畜牧业用地等。另外，虹阳村还有家禽畜牧业的用地，分布于各个自然村。

#### 2. 农业生产用地布局

农业生产用地应与农村居民点建设用地相结合进行布局。大致有如下引导方针。

家禽畜牧业饲养用地。这类用地应远离城镇建设用地、集镇和基层村、规划中的居民点用地，可临近远期规划中的整治点，并且与农庄型村落结合布局。

水稻种植业用地。水稻种植业用地在规划中主要集中在虹阳村的西部，结合整治点的农庄型村落和家畜牧业用地统一进行布局；在虹阳村其他地域的水田，均作为水稻种植业用地。

### （二）工业生产用地布局引导

虹阳村中心村作为农村劳动力转移的“蓄水池”，必须有部分工业等非农业生产用地，规划应为此做前期的引导。对于其中的工业生产用地，大多与农村居民点建设用地结合布局，而较为集中的工业生产用地位于集镇西侧。

据此在规划中，应控制并逐步缩小分散非集镇地域的村庄工业生产用地，在中心村（集镇）原工业生产用地基础上，适当向北拓展，扩大工业用地规模。这样既满足未来工业发展需要，又有利于相对集中紧凑开发。

## 六、基础设施布局引导

### （一）工程规划布局

诸如给水与排水规划、电力、电信系统及道路交通等，一般在村镇体系层面解决。因而，村庄规划中的市政设施规划主要以落实、深化上一层次规划的内容为主。

### （二）环境与环卫规划

#### 1. 环境保护规划

村庄的环保规划主要是对污染源进行有效控制，以维持原有的自然生态环境。就目前与今后一个时期看，主要的污染源有农用农药化肥污染源、禽畜粪便污染、农村生活污水和垃圾固体污染。规划应通过合理布局和引导，使原有的自然生态污染减至最少。

（1）农用农药化肥污染。苗圃基地生产和林木业是效益高、使用农药化肥少的效益农业，有条件的村庄可以进一步发展，并通过与中心村、基层村等固定村落结合，减少对农业资源的污染及其对居住生活环境的影响。另外，应在全村全面推行农产品生产中控制农药化肥使用量的措施。

（2）禽畜粪便污染。规划的禽畜养殖基地与整治点（即农庄型村落）结合相布局，以减少禽畜粪便对中心村、基层村的污染影响。同时，在禽畜养殖基地中规划配套的沼气池，一方面能保证能源循环使用；另一方面使禽畜粪便这类次生物作为农用肥料，直接用于施肥。

（3）村民生活、工业污水与固体废弃物。中心村、基层村居民的生活污水、生产污水排除和处理，应与城市统一规划相一致。各个分散布置的整治点（农庄型村落）区域，通过人口疏散，让其发展规模得到有效控制。其中，生活废水可在自水体的自净能力范围内直接排放在自然水体中；粪便等生活废水，一方面通过化粪池进行处理排放，另一方面与农用肥料结合直接用于施肥，从而减少化肥的使用量。

#### 2. 环卫规划

（1）环卫人员与设备。根据规划期末的村庄人口规模，虹阳村将配

备3～4个环卫工作人员，环卫车辆由城镇（即王江泾镇）统一规划。

（2）公共厕所、化粪池。集镇设2～3座公共厕所，基层村设1～2座公共厕所，每个公共厕所均设化粪池。在集镇、基层村没有实行管道化排放之前，每家每户的粪便可经公共厕所收集，经化粪池、沼气池处理，其污混残渣物应通过吸粪车定期收集至指定的地点。

（3）垃圾箱、垃圾中转站。集镇、基层村小型垃圾转运站，用地面积为200平方米；每一农户设一垃圾箱；集镇、基层村、整治点中每30户设垃圾桶，便于袋装化收集。

（4）垃圾处理、污水处理。全村的污水、垃圾收集和处理纳入城镇（王江泾镇）统一规划。



## 七、村庄整治规划

除规划的中心村、基层村外，对目前的自然村均要进行整治，称为整治点，整治后成为仅为现代农业生产需要提供服务的农庄型村落。

### （一）全村整治示范点

在行政村内选择某一自然村，先行进行整治，为推进其他自然村的整治作为示范。在虹阳村总体规划中，以东蒋自然村为典型，进行示范规划。东蒋自然村的具体整治内容如下。

#### 1. 房屋整理

清理违章建筑，拆除简易屋，修整院落，增加通户道路，整治建筑立面。

#### 2. 卫生改善

清除卫生死角，增设垃圾收集点，落实屋前屋后绿化。

#### 3. 河道整治

清淤疏浚，河面打捞，整修河岸，修缮河埠。

#### 4. 路面硬化

居民点内，道路维修、加固；增设水泥路，宽度2米以上。

5. 绿化工程

沿河建设 3 ~ 8 米绿化带，道路两侧植行道树。

6. 公共事业

建设图书活动室，适量布置商业点，增设小游园，配备健身设备。

7. 推广新能源

逐步建设沼气系统，积极促进太阳能利用。

（二）自然村整治规划引导

在明确整治村落的基础上，依据不同类的自然村村庄的特点，分别提出整治原因、整治内容和整治目标等。

1. 整治原因

村庄整治的原因主要为有关生态廊道、控制区等的导控需要而必须进行整治提升。其廊道和区域有：自然生态保护区、保护廊道、风景旅游区、区域环境保护设施建设控区；轨道交通、航道沿线廊道控制、高速公路沿线和互通口的留地区；城市、城镇重大基础设施建设需要控制的地域范围；矿藏等自然资源保护区等。

2. 整治内容

疏解、外迁农村居民点，完善卫生设施，改善道路与交通环境，进行河道设施的治理，整治建筑立面、优化建筑空间环境等。

3. 整治目标

通过整治，使农村居民点成为完整的基层村，对于不具备发展条件而又无法拆迁的自然村落，可以保留村庄住宅，作为从事农业生产就业农民的聚居场所，即为农庄村落。

## 第二节　村庄建设用地与建筑空间规划

### 一、村庄建设用地开发与控制规划

中国的村庄建设用地发展速度和规模大大高于城市，如1978—2008年，农村建设用地由4.67万平方公里增加到16.4万平方公里，而城市建设用地由1.73万平方公里增加到5.1万平方公里，农村住宅建设用地是城市的3倍多。因此，在满足农村建设发展需求的前提下，切实有效地控制村庄建设用地规模是十分必要的。

（一）开发与控制规划的目的与条件

1. 开发与控制规划目的

村庄建设用地开发与控制规划是基于村庄长远发展的不确定性和部分村庄用地进入土地一级市场的可能性，从而对包括村民在内的不同业主建设项目的建设要求，进行必要的引导与控制，使村庄建设按规划逐步推进。村庄建设用地控制规划是在上一层次规划的村规划区内，划分不同类别的建设用地范围，并按照村庄集中开发规划区、改造梳理规划区（改造规划区、整治规划区）和建设控制规划区等进行规划引导，同时对相应的设施进行配套。村庄建设用地控制规划可按控制性详细规划编制。

2. 开发与控制规划条件与模式

就某一村庄而言，村落分布现状、规模大小、村庄生态环境、村庄发展政策、村庄经济水平和土地价格等，都会对村庄的建设用地范围、规模、用地结构比例、用地形态等产生影响。其中村落分布、规模决定着村落集中开发区和改造区的使用比例；生态环境决定村庄建设用地发展模式；地方政府对农村的发展政策影响着农村新建耕地指标的落实，从而影响农村建设规模；村庄经济水平影响农村的整治和改造能力，而土地价格对村庄的改造和开发强度有直接的影响。

村庄建设用地开发与控制规划的研究重点是建设用地规模与范围，而建设用地规模的调整，取决于村庄建设用地现状的规模及其改造条件。当现状村庄能全盘完成改造时，规划的建设用地规模就可以在利用现状的基础上大大减少。成都发展模式中的村庄改造即是其典型案例。但是，成片造方式的经济条件要求高，具备这种改造方式的村庄并不多。因此，具有不同条件的村庄宜采取不同的改造方式，进而直接影响村庄建设规模与范围的确定。

控制性详细规划层面的建设与改造规划，主要应在分析村庄开发与改造条件的基础上，先明确村庄开发改造规划用地面积与范围，然后制订开发与改造规划，以及引导和控制内容。现以温州市郭溪镇梅园村为例加以说明。

（1）开发与控制条件分析

村庄开发建设与改造大多基于村庄的客观现状：建筑密度低、容积率小、人口密度低、建筑风貌不一、建筑质量低下、与生态环境不协调等。而社会经济和技术水平的高低是村庄改造的主观能动条件。

梅园村位于温州市区南郊郭溪镇内，村界内地形地貌以盆地和山丘为主，内有小溪，村内住宅多集中于山脚下。常住人口 3428 人，按每 3.2 人计算，共有 1072 户，其中外来打工人口 1542 人，占总人口的 44.98%，村内劳动力人口 1781 人，其中从事第一产业人口 30 人，从事第二产业人口 814 人，从事第三产业人口 597 人。从事农业生产的劳动力仅占劳动力总数的 20.77%，可见农民非农化比较大。从现状看，它具有如下特点。

①原有村庄住宅建筑质量参差不齐，建筑环境凌乱，风貌不一。梅园村现有住宅建筑类型有院落式、独立式、联户式等；从住宅建筑空间看，有混合式、自由式等；建筑风貌没有特色，建筑环境凌乱无序，这些是梅园村建设改造的客观条件。

②自然环境优美，生态条件良好。梅园村临水傍山，景观资源丰富，在严格控制工业污染、改善交通及配套设施条件的前提下，该村将拥有良好的生态环境、景观条件和较为完善的现代化生活服务设施，居住和生活氛围浓厚，同时可吸引休闲产业和项目的进驻，这也有利于推动村庄改造工作的进行。

③经济条件较好，非农化水平较高。梅园村人均 GDP 位于全镇各村的中上水平。根据三次产业人口比重计算，非农化水平已达 8.2%，

大部分村民已从农业中脱离出来。随着城镇化水平的提高，村民将像普通市民一样，会有更多的时间和财力参与公共活动，对居住环境质量也会有新的要求，这将会大大推动梅园村的住宅改造。

（2）开发与控制原则

按照有机更新完善模式，要遵循以下的开发与控制原则。

①整体协调的原则。村落在实行改造前要进行统一规划，确定改造的整体目标，包括制订建筑群体、环境风貌规定，使得改造后的村落在整体上保持一致，避免局部与全局、单体与群体、人工与自然环境的不协调。

②循序渐进的原则。有机更新改造是一个长期的渐进过程。一个村落的改造需要三到五年，甚至十年才能完成。因此，在改造过程中要遵循经济规律有序推进，保持改造村落的原有肌理和文化品位。

③遵循村民意愿的原则。在整体规划的指导下，村民可按自己的居住意向，在既定的政策框架下选择自己的改造方式，包括原拆原建、原拆扩建和异地拆建等。规划部门对不同的改造方式按规划提出不同的具体要求。

④开发与改造相结合的原则。原有村落住宅是千百年来经自然选择形成的，具有较强的适居性，工程质量、防洪排涝等条件也较好。随着城市化步伐的加快和村居人口的减少，原有疏解后的村落及邻近用地，经整理后可作为景观低层房开发增加村民的经济收入，从而可增强村民进一步自主改造的能力。

### （二）开发与控制规划用地界定

村庄建设用地扩大源于经济水平提高和户均人口小型化，这使人均建设用地面积增加。现以浙江常山芳村镇洁湖中心村为例进行分析。

#### 1.人均建设用地分析

洁湖中心村现总用地面积11.28公顷，人均占地为88.9/人，是属《村镇规划标准》人均建设用地指标分级的第三级（80～100/人）水平。

根据国家和省有关标准，规划的人均用地可用二、三、四级确定，即指标幅度为60～120/人。为更准确地确定人均用地指标，从长远看，有必要对洁湖中心村的人均用地变化进行一个较为详细的分析。

（1）户型小型化，会使人均建设用地有进一步增加。近几年洁湖中心村在未新增规划用地的情况下，村民村房仅靠原地拆迁、原拆扩建及少量农村自留地新建住宅获得。随着户型小型化及户数增加，即使在不增加人口的情况下，建设用地也在不断增加。例如，根据小型户（1 ~ 3人）85 宅基地指标（独生子女 3 口之家按 4 人 / 户计，则是中户型为 100 左右），为满足正常的采光要求，低层住宅建筑密度按 40% 推算，其人均住宅用地应 70.8 平方米 / 人（按 3 人计），若考虑道路和公共设施用地等（占总用地的 25%），则人均建设总用地将达 95 平方米 / 人，高于现状的 8.9 平方米 / 人。这表明洁湖中心村现状用地面积已不能满足其自身户型小型化的要求。

（2）住宅拆老建新，促使人均建设用地增加。洁湖中心村总建筑面积为 3.9 万平方米，按其现有人口 1271 人、户数 423 户计，则人均和户均建筑面积分别为 30.7 平方米 / 人、92.2 平方米 / 户。据尚存的所有建筑 243 栋计，则平均每栋建筑面积为 160.5 平方米。另外，洁湖中心村住宅建筑共为 243 栋，按总户 423 户计，平均每栋 1.7 户，若按此推算，则每户建筑面积仅为 94.4 平方米。与现行标准比较，即使按小户 85 平方米宅基地面积推算，若层数按 2.5 层计，则每户建成的建筑面积至少应在 212.5 平方米以上。因此，随着村民生活水平的提高和村庄整治改造的不断深入，村庄建设用地扩大是显而易见的。若在容积率不变的情况下，即使人口不增不减，洁湖中心村原拆扩建所需的用地也要比原村庄建设用地扩大 1 倍以上，即应为原来的 2.25 倍。若不考虑用地扩大，则即使在原人口不变的情况下，旧村改造后的容积率应提高 1 倍以上。现状洁湖中心村容积率为 0.35，规划若全盘改造后容积率应提高到 0.7。

通过上述分析可以认为，规划的人均建设用地指标将大于现状水平，根据现有建设用地人均水平分级状况，规划确定人均建设用地仍按三级确定，但其值应偏上限，具体应根据建筑布局和住宅安置的数量来确定满足程度。

### 2. 村庄建设用地规模与范围

（1）建设用地规模

村庄建设用地规模分两部分确定，即旧村庄改造用地和新增村庄开发建设用地。

（2）建设用地范围

村庄建设用地选择时，要充分考虑原有自然村与新村开发建设区的

关系，尽可能形成相对集中的村落。梅园村根据规划期内改造模式和远期远景改造模式演变的可能，确定改造范围的用地，包括原村落宅基地及其附近的空地，按照改造时本区位商品房价格、开发成本及剩余改造地段的面积来确定补足的空地面积。现按 1∶1 计，则以 2004 年的开发成本和利润按 3000 元 / 平方米商品价格计，并按开发 100 万平方米改造 20 万平方米的宅基地面积计算，以此来确定村庄详细规划的范围。

## 二、村庄空间布局规划

村庄的总体布局是对村庄中的多个功能进行组成部分的安排与协调，保证村庄中生活和生产目的的实现。其中的工作主要是：村庄用地的条件分析和选择、村庄的总体布局和村庄整治规划。

### （一）村庄的总体布局

对于村庄而言，其总体布局主要是针对村庄现状的，根据自然技术条件来实现对其的分析和村庄本身发展的生产过程，对生活和其他活动进行规律上的研究，在进行规划的过程中，依据各个用地的安排和村庄在其建筑艺术上的不同要求，对村庄的用地组织结构上和村庄的用地功能上进行两个部分的区分。

#### 1. 村庄用地组织结构

对于村庄规划用地组织结构而言，其主要是对村庄在用地的发展范围和发展方向上进行确定，同时对村庄本身的功能组织和用地时的不同布局进行规定，对于村庄在其发展和建设上的影响是深远的。根据村庄的不同特点，在进行规划组织结构时，对于以下方面要进行考虑。

（1）紧凑性。村庄本身的规模具有局限性，用地的范围比较小。根据其步行的限度，用地面积在 0.2 ～ 1 平方公里内所能容纳的人在几人到几千人之间，其中步行约为一公里或是 15 分钟之内，集中布局对于村庄来说不需要进行公共交通的设置，同时为公共服务设施的完善提供一定的便利，对于相关的工程造价进行降低。所以，如果地形允许，村庄本身的基础应该是旧村，其发展应该是集中的。

（2）完整性。虽然村庄比较小，但是其用地规划组织结构应该也是相对完整的，对于村庄本身的发展和其布局的合理性是至关重要的，只有对市政设施和公共设施进行完善，才能保证村庄生活的适应性，同时好的生活环境和生态环境能使村庄本身具有更多的吸引力。所以，在对村庄进行总体规划时，应该考虑得更加完整。

（3）弹性。在进行空间布局规划的过程中，要保证村庄本身在用地组织上的弹性，“弹性”一方面指的是对于其子空间应该具有一定的开放性，对于其布局要进行一定保留；另一方面就是指对于用地面积要进行一定余地的保留。

在对村庄的组织结构进行规划的过程中，需要考虑到其弹性、紧凑性和完整性，它们之间的关系是相互补充的，在它们的相互作用之下，形成空间结构，保证其无论是时间还是空间上都是平衡的，是合理的村庄规划组织结构形式。

2. 村庄用地的功能分区

对于村庄用地功能上的分区而言，是对村庄进行总体布局规划的核心。这一活动分为四个方面，分别是旅游、居住、交通和农业，要想实现这四个方面，就要保证对村庄用地的规划是合理的，并且保证其中的联系，使其有一定依据。所以，对于各种用地在其功能上进行要求，同时对于其中的关系进行一定程度的组织，帮助其成为一个有机的整体。

（二）公共空间布局与设计

村庄中的公共空间是进行公共活动的重要场所，同时是进行比较集中的社会活动的地点，如政治、经济、文化活动等，同时还包括商业服务、文化体育、娱乐活动等，对于一些较大的村庄，还需要配备一定的卫生、医疗和交通方面的设施，对于公共建筑在功能上的不同和公共活动本身的不同需求，对广场进行配置，同时进行交通和绿地的规划，保证其公共设施是相对集中的。

1. 村庄公共空间的基本内容

村庄公共空间作为服务于村庄的功能聚集区，应满足村庄自身的发展需求，对于有着不同功能的分区而言，所组合成的村庄公共空间是不同的，同时根据村庄本身规模的大小和不同的需求，对不同类别的公共空间进行设置。

公共空间的基本内容由公共建筑和开放空间组成，大致包括如下：

（1）行政管理类：包括村委会。很多村庄的村委会一般位于村庄的正轴线上，以显示其服务功能和主导作用。近年来，随着我国新农村建设的不断完善，在人口集聚度比较大的村庄形成社区，构建社区服务中心。

（2）商业服务类：包括超市、饭店、饮食店、茶馆、小吃店、洗浴等。大一点的村庄还具有集贸市场、招待所等，商业、服务业是村公共空间的重要组成部分。

（3）信息类：包括邮政、邮电、电视、广播等，近年来网络也在村中迅速发展。

（4）文体科技类：包括文化站（室）、游乐健身场、老年活动中心、图书室等，村庄规模不同，所设置的项目就有多有少，村庄的体育科技设施普遍缺乏，而在村庄的发展中，文化、娱乐、体育、科技的功能地位会越来越重要，而且作为地方性的代言者和传播者有其独特的价值，特别是一些民风民俗文化应予以强化。

（5）医疗保健类：以卫生室社区医疗服务站为主，随着人民生活水平的不断提高，人民对健康保健的需求也不断增加，对于人口规模较大的村庄，建成一组设备较好、科目齐全的卫生院是必要的。

（6）民族宗教类：包括寺庙、道观、教堂等，这是宗教信仰者的活动中心，尤其是在少数民族地区，如回族、藏族、维吾尔族等地，清真寺、喇嘛庙等在村庄中占有重要的地位。

（7）环境休闲类：包括广场、绿化、建筑小品、雕塑等，对于改造的村庄，广场在村庄公共空间的构建中越来越具有非常重要的功能。

### 2. 村庄公共中心的空间布局形式

村庄公共空间布局形式常用的有沿街式布置、组团式布置、广场式布置，其基本组合形式如下。

（1）沿街式布置

①沿主干道两侧布置，村庄主干道通常使居民出行方便，中心地带集中较多的公共服务设施，形成街面繁华、居民集中、经济效益较高的公共空间，该布置沿街呈线形发展，易于创造街景，改善村庄外貌。

②沿主干道单侧布置。沿主干道单侧布置公共建筑，或将人流大的公共建筑布置在街道的单侧。另外，少建或不建大型公共建筑。当主干道另一侧仅布置绿化带时，这样的布置称“半边街”，自然是半边街的景

观效果更好，人流与车流分行，行人安全、舒适，流线简洁。

（2）组团式布置

①市场街。这是我国传统的村庄公共空间布置手法之一，常布置在公共中心的某一区域内，内部交通呈“几纵几横”的网状街系统，沿街两旁布置店面，步行其中，安全方便，街巷曲折多变，街景丰富，我国有不少历史文化名村就具有这种历史发展的形态，丰富多彩的特色成为一个旅游景点。

②“带顶”市场街。为了使市场街在刮风、下雨等自然条件下，内部活动少受和不受其影响，可在公共空间上设置阳光板、玻璃等，形成室内中庭的效果。

（3）广场式布置

①四面围合：以广场为中心，四面建筑围合。这种广场围合感较强，多可兼作公共集会的场所。

②三面围合：广场一面开。这种广场多为一面临街、水，或有较好的景观，人们在广场上视野较为开阔，景观效果较好。

③两面围合：广场两面开。这种广场多为两面临街、水，或有较好的景观，人们在广场上视野更为开阔，景观效果更好。

④三面开：广场三面开敞。这种广场一般多用于较大型的市民广场、中心广场，广场有重要的建筑，周围环境中山水等要素与广场相互渗透、相互融合，形成有机的整体，完整的景观。

3. 公共设施的配置标准

（1）公共服务设施布置原则

在对公共服务进行设施上的配置时，应该保证其与村庄本身的产业特点和人口规模是相匹配的，同时与经济社会本身的发展水平是相适合、相配套的，公共服务设施要进行节约，同时对村民使用的地方进行集中布置，如村口或村庄主要道路旁。根据公共设施的不同对其规模进行设置，其布局分为两种形式：一种是点状，另一种是带状。对于点状布局而言，应该与公共活动场地进行结合，保证其成为村中进行公共活动的重要中心；对于带状布局而言，要与村庄进行结合，从而形成街市。

（2）公共服务设施配套指标体系

公共服务设施配套指标按 1000 ~ 2000 平方米 / 千人建筑面积计算。经营性公共服务设施根据场地需要可单独设置，也可以结合经营者

住房合理设置。

## （三）村庄宅基地规划

### 1. 农村宅基地规划

宅基地是村庄建设用地的重要组成部分，其功能以居住为主，在部分地区还兼有生产功能。宅基地的面积规模应依据村庄居民对生活生产的合理需要加以确定。一般来说，宅基地由住房、生产辅助用房、生活杂院等组成，随着生活水准的提高还必须保证一定的绿化用地。以上用地的组成应分配得当、有机组合，因为上述项目的指标对其他多项用地指标有直接影响，是当前村庄规划的重点，必须按照实际需求合理制订，不能简单地由设计图决定。因此，为保证村庄规划中居住区规划既合理又美观，必须做到宅基地选址适当，宅基地策划方案合理，宅基地各组成用地比例科学。

选择宅基地的影响因素如下所述：

（1）自然因素

自然因素包括地形地貌因素、气候因素、水文及当地资源条件等，我国南北、东西跨度较大，地理及气候条件变化幅度也较大，导致村庄宅基地选址影响差异也较大。比如，北方村庄住宅对采光要求高，那么对住宅的取光要求就比南方高；南方住宅注重通风、遮阳，这样便会产生面宽小、进深大的居住形态。平原、山区、原草区以及濒水地区由于地形、气候差别也产生了风格迥异的选址方法与居住形态。

（2）社会、经济、技术因素

我国农村在经济上和技术上有着较大的差距，这往往是因为其资源的分配不均匀，对于其发展水平而言，也有着一定的落差，对于社会结构而言，也是相对复杂的，在建立宅基地时，其标准和要求是不同的，根据经济发展水平、人口因素、家庭结构、生活方式、风俗习惯、技术水准、地方管理制度等的不同，其宅基地的建设是不同的。

### 2. 宅基地规划设计的基本控制指标

（1）宅基地规划技术经济指标体系相关标准

在村庄规划中一般将宅基地分成住宅组群与住宅庭院两级，其中每个级别再细分为Ⅰ、Ⅱ两级。

（2）村庄住宅用地分类与用地平衡

村庄住宅用地类型比城市用地相对简单，包括住宅建筑用地、公共建筑用地、道路用地和公共绿地四类。

（3）村镇住宅人均宅基地指标

为合理保证村镇住宅的使用舒适性、便利性，满足村镇居民生产生活开展及节地要求，必须科学合理地确定人均宅基地的规模。宅基人均指标依据气候区划不同而存在差异。

### 3. 宅基地规划设计技术经济指标及其控制

宅基地规划设计技术经济合理性可以用以下指标来考察。

（1）住宅平均层数：指住宅总建筑面积与住宅底的面积的比值，一般层数越高，节地性越高。

（2）多层住宅（4 ~ 5层）比例：多层住宅与住宅总建筑面积的比例。

（3）低层住宅（1 ~ 3层）比例：低层住宅与住宅总建筑面积的比例。

（4）户型比：指各种户型在总户数中所占百分比，反映到住宅设计上就是在规划范围内各种拟建房（套）型住宅占住宅总套数的比例。该比例的平衡需要依据人口构成、经济承受能力、居住习惯等综合考虑。

（5）总建筑密度：指在一定用地范围内所有建筑物的基底面积之比，一般以分比表示，它可以反映一定用地范围内的空地率和建筑物的密集程度（%）。

（6）住宅建筑净密度：住宅建筑基地总面积与住宅用地面积的比率（%）。

（7）容积率（建筑面积毛密度）：指每公顷宅基地上拥有各类建筑的平均建筑面积或按宅基地范围内的总建筑面积除以宅基地总面积计算（%）。

（8）绿地率：指宅基地内各类绿地面积的总和与宅基地用地面积的比率（%）。

（9）相关密度指标控制技巧：在进行宅基地的规划过程中，对于住宅建筑密度和人口密度等多项与密度相关的指标都要进行关注，就目前来看，农村用地和城市用地是越来越紧张的，这就导致节约土地成为城镇规划中的一个重要原则，同时要想扩大小城镇，就需占用大量土地，这样看来，节约用地至关重要，对于宅基地而言，其规划需要一个相对合理的经济指标。“合理”主要是指对于宅基地要进行其经济密度上的

确定，在实现节约用地的同时，还要对居民的正常生活进行满足。

为了实现节约用地，我国的村庄在居住区建设中要对其层数进行增加，加之我国的情况就是人多地少，根据各个省市的不同密度指标来与国外的密度指标进行对比，其指标相对较高，所以无论是高密度还是低密度，都应该是有着合理数值的密度。

### （四）生产用地规划

#### 1. 布局原则

根据当地产业特点的不同和村民在生产上的不同需求，对其中的产业用地进行相应安排，其中包括村庄规划建设用地范围外的相关生产设施用地。

要集中布置手工业、加工业、畜禽养殖业等产业，这对于生产效率的提高具有重要意义，同时对生产安全有益，对于防疫和污染治理提供一定帮助。

#### 2. 种植业布局

明确村域耕地、林地以及设施农业工作开展所需要的用地面积，保证其使用是方便的，并且要保障环保和安全。

#### 3. 养殖业布局

要将航运和水系保护相结合，对于养殖进行合理选择，对于养殖水面规模进行确定，实现集中饲养，保证做到人畜分离；对于饲养场地，在其选址上要对其防疫和卫生条件进行满足，同时对村庄进行布置，保证其风向是下风向，同时保证通风与排水条件，对于村庄要进行一定距离的保证，对饲养场进行房间的布置，保证其住宅区是进行隔离的，对于卫生防疫中所提到的要求是满足的。

## 第三节　乡村地域特色建筑空间元素分析

通过研究中国古建筑和地方民居建筑，可以发现不同地区条件和地域环境下的特色空间与建筑风貌通过不同的空间单元和建筑元素体现出来。

### 一、建筑空间布局单元

#### （一）院落式空间

纵观中国各地传统民居资料可以发现，中国农村地域传统院落式建筑空间的基本单元由进空间、院空间组成。进空间是院落式房屋的主体，主要用作厅堂、卧室等；院空间为开敞空间，用于通风、采光以及日常生活活动。

根据地形条件，院落空间有对称和非对称之分。其中，均衡对称布局，主要位于用地条件较好的平原区；而非对称建筑空间主要结合多变的山丘地貌或不规则的水系环境，灵活布局。

##### 1. 对称布局的院落空间

对称布局院落空间的主要建筑和空间沿着纵轴线（前后轴）与横轴线进行布置，多以纵轴为主，建筑空间主次有序，层次分明。传统地域建筑空间单元按进、厢空间的不同，有四合院、三合院、独立院和内井院落等形式。

##### 2. 非对称布局的院落空间

非对称布局的建筑院落空间，大多不是按一定的轴线进行组织，而是结合地形条件，依山就水灵活布局，形成室内、室外相互贯通的结构形式。其院落与建筑空间也有一定的主次序列，但类型多样，不拘一格。

（二）非院落式空间

非院落式空间的居住生活空间主要位于建筑室内，室外主要用于公共空间场所，如沿街、沿路和沿河的建筑。在山区居民点，由于用地所限，独立的台地上常建筑立式非院落式建筑空间。在有些地区，结合民间生活习俗，建筑底层作为牲畜养殖场所，二层以上才作为生活起居空间。

## 二、建筑空间组合类型

（一）空间组合类型

1. 线状组合空间

线状组合空间，是指功能相似的建筑单体之间，按照公共空间场所特点，依一定规律呈线状组合的整体形态。根据组合空间的线型特点，可细分为直线型和曲折多义线型。

（1）直线组合。这一类在平原地区较为普遍，包括街道空间和住宅群空间等。

（2）曲折多义线组合。这一类多见于地形不规则的山丘缓坡地或水网密集地区。

2. 团状组合空间

团状组合空间，是指不同时期形成的使用功能相近的建筑单体，按照一定的空间机理，相互组合布局，成团状的空间形态。农村地域团状组合空间既要有一定规模，并且位于变化不大、适于建设的地形、地貌条件，又有亲近的社区人脉基础。其中前者是团状组合的空间载体，后者是团状组合的时间保障。这类组合多见于人口相对密集的农村地域。

3. 散点状组合空间

散点状组合空间，是指不同时期形成的、功能相近的建筑单体，相互分离独立，形成不规则分布的空间形态。这类空间形态多见于地形变化

大、可建设用地小、分布不均匀，并且人口相对稀疏的农村地域。

（二）地域空间环境类型

根据赖特的有机建筑[①]思想，建筑与其所在的地域空间环境是有机的一体，建筑及其空间离开了特定的地域空间环境，犹如树木失去根基和土壤最终将会枯竭而死。只有当建筑及其空间与特定的地域空间环境联系在一起时，其具有的生命力才更强，地域文化内容才更丰富。

1. 平原水网地带

水是生命的源泉，人类的一切活动均离不开水。在中国的平原水网地带，无论是江南水乡、东南部沿海，还是中部多雨湖泽地区，均留下了尺度宜人的水空间建筑风貌。这种特定建筑风格创造和丰富了风格各异的建筑空间和环境。

2. 高山台地

在高山台地，传统的农业丰度和交通条件不如平原水网地带，地域居民经济水平相对也较低，反映在单体建筑规模上普遍较小。山地因交通不便，就地取材也成为山地建筑的普遍现象。因此，山地建筑的用材数量与种类也相应较少，单体特征鲜明。另外，复杂多变的高山台地环境也造就了具有不同地域特色建筑的空间形态，如屏山、景山等不同尺度山体形态环境的借鉴与引用，营造了高山台地建筑丰富多变而整体和谐的空间形象。再者，单体建筑因地制宜，对不同地形坡度和高差进行了有效的利用和处理，构成了高山台地建筑特有尺度关系的建筑空间。

① 有机建筑是指一种活着的传统，它根植于对生活、自然和自然形态的情感中，从自然世界及其多种多样生物形式与过程的生命力中汲取营养。有机建筑是现代建筑运动中的一个派别。

图 4-2　镇远古村镇

3. 山丘谷地

与高山台地地域条件相比，山丘谷地传统的农业丰度和交通条件相对较好，建设用地条件也相对较好，从而为建设大尺度、大规模的单体建筑提供了主客观有利条件。因山与平原水网交汇，和水陆交通衔接，建筑用材渠道广阔，故建筑体景观丰富。加之较为宽阔的建筑用地条件，为建筑单体的纵横向伸展提供可能，这类建筑中二维空间组合较为常见。

## 三、建筑外观形式

（一）建筑屋顶形式

中国传统建筑屋顶尺度通常在单体建筑中占有较大的比例，建筑屋顶形式在建筑形象中起着重要的作用。不同等级的建筑，有着不同形式的屋顶，历史上传统的农村地域建筑等级较低，相对的屋顶形式也较为简单而常见。从中国各地民居资料看，农村传统的地域特色建筑屋顶主要可以归纳为硬山、悬山、歇山、棚和风火山墙五种形式。同一种屋顶形式，由于地区不同的建筑材料、气候条件、施工技术和建筑年代等，还呈现细微的差别。

图 4-3 大理喜洲白族建筑民居

（二）青瓦屋面（常用）造型

中国农村地域建筑的屋面非常丰富，类型有草顶和草泥屋面、青瓦屋面、琉璃瓦屋面、石板瓦屋面、板瓦屋面等。其中，青瓦屋面是农村地域最为常见的屋面造型，其形式特点主要体现在屋脊的造型艺术上，有箍头脊、清水脊、皮条脊、甘蔗脊、纹头脊、雌毛脊、哺鸡脊和龙吻脊八类。

图 4-4 传统古建筑红墙琉璃瓦

（三）建筑形体组合

中国传统建筑通过形体的不同组合，形成了丰富多彩的建筑单体形态。根据已有的资料整理，传统的建筑组合基本类型有屋顶丁接、悬山楼屋加披檐、错层楼层（楼层出挑）、歇山顶加披檐、多层碉房（加歇山顶）等。

## 四、建筑结构与材料

（一）门窗形式与组合

中国古建筑中的外檐门窗类型与组合极其多样，农村地域最常见的几种门窗形式主要有格子门、格扇窗、花窗、直棂窗和阑槛钩窗等。

农村地域传统的门窗组合方式也较多，其中连续的大窗户有门联窗、合和窗等。另外，诸如安徽等部分地区的建筑外墙高耸，形成独立小窗户，即墙体与门窗有机相间，形成相对独立的门窗。

（二）建筑材料与结构

众所周知，建筑是人类文明的结晶，建筑历史折射出人类文明的发展历程。考察某地域在某一时期的历史文化特征，可以从该时期的建筑文化入手。而建筑文化遗存的久远，取决于建筑历史的长远。就单体建筑历史而言，建筑材料与结构、建筑构架类型起着重要的作用，其中的建筑材料与结构形式对建筑使用寿命有直接的影响。一般情况下，砖石结构的建筑使用寿命较长，而土木结构的使用寿命较短。例如，中国尚存的土木结构建筑大多为清代建筑，明代以前极其少见。另外，不同的建筑材料，对人的视角感官作用是不同的，从而产生不同的建筑质感和美观效果。相比而言，木石结构、砖石结构、砖木结构会产生较为强烈的质感效果，而木结构、土木结构和竹木结构，随着年代的久远，质感相对较柔和。

（三）建筑构架

建筑构架是传统建筑中承担建筑荷载的构建系统和空间组合的基本骨架形式。根据建筑构件的受力点与空间组合方式，中国传统农村地

域的建筑构架形式主要有抬梁式构架[①]、穿斗式构架[②]和井干式构架[③]等多种形式。

## 五、北方典型传统村落空间结构——院落

院落居住行为与院落的第三空间层次“间”密切相关,北方某地方言里,“间”的称呼富于特点:通常把堂屋正中的一间称作“当门儿”,类似于城市住宅的“起居室”;旁边两间称作“耳扒儿”,类似于“卧室”;厢房现在一般作为“灶火房”,类似于“厨房”;“棚屋”功能上不住人,仅作为堆柴、杂物、洗澡之用;“倒座”常常作为一个统间比较随意,有的与门楼合为一处,有的堆放不常用的东西,也有的作为临时客人住房。此外,常常利用院落西南处的夹缝空间,上面覆以茅草顶,称作“茅子”,类似于“厕所”。院落内被堂屋、厢房等围合的空的庭院部分,称作“院里”,类似于“庭院”。

### (一)院落的典型要素

#### 1.“当门儿”

(1)当门儿空间的装饰性、正式性和重要性

在调查案例中,当门儿通常位于堂屋中间的一间,也有个别案例位于厢房或倒座房,当门儿通常是一个院落之中装饰等级最高、最重要的空间。大多数当门儿地面是水泥或青砖瓷砖铺地,四壁一般经过少量装饰,特别是与大门正对的墙面,一般会在墙面安置大型挂画,这幅画一

---

① 抬梁式构架是中国古代建筑木构架的主要形式。这种构架的特点是在柱顶或柱网上的水平铺作层上,沿房屋进深方向架数层叠加的梁,梁逐层缩短,层间垫短柱或木块,最上层梁中间立小柱或三角撑,形成三角形屋架。相邻屋架间,在各层梁的两端和最上层梁中间小柱上架檩,檩间架椽,构成双坡顶房屋的空间骨架。房屋的屋面重量通过椽、檩、梁、柱传到基础(有铺作时,通过它传到柱上)。

② 穿斗式构架是中国古代建筑木构架的一种形式,这种构架以柱直接承檩,没有梁,原作穿兜架,后简化为“穿逗架”。穿斗式构架以柱承檩的做法,可能和早期的纵架有一定渊源关系,已有悠久的历史。在汉代画像石中就可以看到汉代穿斗式构架房屋的形象。

③ 井干式构架是一种不用立柱和大梁的中国房屋结构。这种结构以圆木或矩形、六角形木料平行向上层层叠置,在转角处木料端部交叉咬合,形成房屋四壁,形如古代井上的木围栏,再在左右两侧壁上立矮柱承脊檩构成房屋。

般占满整个墙面，画的主题有喜庆、山水、伟人像，还有迎客松等。在其下方往往安置有案台或矮柜，上面放置一些具有特殊意义的物品，如大多数家庭都有祖先牌位、佛像等物品。当门儿其余空间安排有桌椅、条几，有的顶部有吊顶棚、灯具、电风扇等。

（2）当门儿的主要行为

当门儿的行为十分复杂，各案例彼此差异较大。例如，经济条件好的家庭，当门儿基本上有电视机、影碟机等电器，地面铺地砖，墙面刷白粉。经济条件最好的，当门儿有基本装修，包门框，石膏板天花吊顶。经济条件差的，当门儿地面常常是土面，四壁是土墙，摆有床又摆有粮仓，几乎没有电器，很多活动都不得不在室外进行。又如，居住者的行为也存在差异，老人居住的当门儿，常没有电视机等休闲电器，会客用的沙发、椅子也很少，但常常有取暖炉。养猪户的当门儿常常没有文字对联，而会客用的沙发、椅子等多，说明社会交往较多。退休教师的家庭则有文字对联和奖状，家具对称排列很有古风，但没有沙发，椅子也少，说明社会交往也少。

2. “院里”

北方某地所有农户都有庭院，最小的庭院面积约 40 平方米，普通庭院面积在 60 平方米左右，庭院与外界用围墙隔开，也有的用树枝堆来代替围墙划分界限。老式院落庭院大部分都是泥土地，局部有碎石铺地。新式院落庭院常用水泥铺地，大多数庭院种有少量的树、蔬菜和观赏植物，中部安排有水井等物品。其中，院落庭院被周边建筑和围墙围合部分利用最多，当地方言称为“院里”。有的院里以水井为中心，中间还有卫视接收器，周边搭有简易棚子，堆放柴火杂物。

李斌、范佳纯、李华（2012）曾发现自然村落的居住空间与城市住宅相比，村民的大部分活动行为和生活行为都发生在室外，室外空间是村民居住环境的重要组成部分。在农村住宅的形态变化中，院里空间一直被保留和使用着，是区别农村住宅和城市住宅最重要的特征。

通过对以上调查案例院落的院里行为归纳可以看出，院里主要的行为共有七类，其中洗漱和清扫是所有七个案例都具有的最普遍行为，表现、供水、储藏是大多数案例都具有的行为，一部分案例的院里还具有烧水、养殖、种植等行为。

洗漱是所有家庭必需的个人卫生行为，由于农村院落没有类似城市

"卫生间"的空间，传统的"茅子"仅仅是排泄的场所，有的院落搭建了简单的洗澡棚，但也不能满足日常洗手、洗脸的需要。农民常年从事种植、养殖等劳作，经历田地环境的施肥、操作机械等动作后，回家后必须要方便及时地清理，包含洗手、冲鞋等。因此，洗漱行为的地点常常靠近灶火房、水井等水源，也靠近入口大门附近，方便排水流出门口。洗漱的设施常常有一个脸盆架和多个脸盆，便于多次冲洗。另外，由于北方中原地区较为缺水，初次冲洗常常利用灶火房的废水，因而许多洗漱区域常常在灶火房外。

清扫也是每个家庭都具有的卫生行为，一般家庭把废水和污物直接排到大门外，但也有少数家庭，如院里有一个污物坑，污水和污物都排到污物坑，污物坑周边有杂草或石头遮蔽。

表现行为常常使不同的居住院落具有自己的特色。院里表现行为的地点常常在院落入口处，许多院落的入口正对着一堵山墙或影壁的地方存在一个入口过渡空间，这里山墙或影壁成为表现的重点。

供水行为是当地院落的常见行为。由于当地农村长期没有集中供水设施，村民普遍在自家院落打井取水。大多数在院落的西侧打井，因而用水的相关活动常常围绕这个井水点进行，洗脸卫生用水、洗衣晾晒都在水井周边，种植盆栽也需要水，因而盆栽往往也和水井位置很近。对养殖户而言，养殖需要经常用水冲洗，给牲口喂水，由于养猪户用水量大，猪圈也往往要靠近水井。

### （二）院落居住行为特点

#### 1. 院落居住行为之间相互依存

重要空间形成以某类行为为核心的行为组群，若干个行为组群形成一个院落整体行为体系。

例如，当门儿形成了以会客、休闲、坐卧为核心的行为组群，这些行为共用了该区域的沙发、茶几、茶杯等物品，行为彼此之间也相互依存，很难绝对分开，如会客行为有时也与当门儿的展示行为相联系，形成一个行为整体。又如，院里形成了以水井为核心的与水有关的行为组群，包含洗漱、烧水、清扫、做饭等。再如，做饭一类的行为，涉及许多彼此相关的行为细节，往往观察到调查对象在做饭的过程中经常进出灶火房，在院里各空间穿梭，如到水井取水、洗菜，在院里取菜，从当门儿拿

一些用具等，这些行为彼此的依存度很高。

由此可见，院落居住行为彼此联系紧密，从整体上看都是当地农村传统生产生活行为体系的一部分，某一项生活行为的改变，会对其他相关行为产生影响。例如，村民 ××× 用电动水泵取水代替了水井，那么传统的以水井为中心的行为就会被多个点所取代，洗漱、烧水等行为不需再围绕原来的地点，灶火房就不需要水缸，做饭行为的空间范围缩小了。

2. 当地农民的居住行为与农业生产和自然环境关系密切

日本学者吉阪隆正（1986）提出可以把生活行为划分为三种类型，即把休养、饮食、排泄、生殖等生物性人的基本行为列为第一类生活；家务、生产等辅助第一类生活的行为作为第二类生活；表现、休闲等从体力、脑力上解放自己的自由生活作为第三类生活。

完成第一类生活需要完成如睡眠、饮食、排泄、坐卧等行为，主要在堂屋内当门儿、耳扒儿和茅子等空间完成；完成第二类生活所需要的行为内容最多，如烧水、做饭和一些农业生产辅助的行为等，第二类生活在农民生活行为中占有重要位置，也是农村生活与城市生活行为差别之所在。这些行为多数在院里发生，是因为庭院空间具有水井、土地、自然光线和通风等自然要素，便于低成本地完成这些生产活动。

许多院落居住行为与家庭农业生产和自然环境相关联，这是与城市住宅行为方式有很大不同的重要特征。例如，在庭院种菜养牲畜、停放农业车等。调查区域的农村当前大部分村居仍然采用传统的农业生产方式，农民自己种菜、种粮食和饲养牲畜，因而院落居住行为和家庭生产行为紧密联系，成为当地农家整体生活行为方式的一部分，这种生活方式使得院落居住行为之间相互配套关联。例如，需要较大的灶火房和更便宜的柴火等燃料准备饲料，使用自然水井的便宜水源浇菜地，茅厕采用旱厕便于收集农家肥。

# 第五章　乡村人居环境绿地系统的规划与营造分析

## 第一节　人居环境绿地系统规划框架

### 一、传统城市绿地系统规划的局限性

（一）注重个体效应，忽略整体效应

我国传统城市绿地在规划上，重点研究的主要是城市中的绿地，对城市内的绿地和周边的绿地进行重点分析，原因主要是我国的城市绿地是按行政条块分割的，整体分析通常以城市为市域尺度。对于城市周边的自然环境而言，划分是通过行政区界进行的，割裂了城市可持续发展所需要的自然环境，不只是对单个城市中的人造环境进行重视，还要对其所带来的景观环境效应进行重视。

（二）系统"合力"效应削弱了子系统"分力"

萨迪亚斯认为，对于人类聚居而言，其与自然生物体的最大区别就是人类聚居本身是在自觉力量和自然力量中共同作用的，对于人类而言，其进化是对其不断的改变与调整，而对于自然生物体而言，其作用仅仅是自然本身的作用结果。对于聚居而言，其最终所展示出来的就是向心力、不确定力和线性力，考虑有序性和安全性，同时对城市绿地在其系统规划上产生作用，对城市的总体规划具有一定依赖的。近几年，我国的城市化水平发展是比较快的，这就导致城市用地的不断扩大，对

于城市而言，其用地的扩张使得城市本身的绿色空间越来越少。

（三）忽略人居环境与绿地系统的交互作用

绿地系统是人居环境中相当重要的一部分，绿地系统在其形态反映和布局结构上对城市本身的自然本质和地方性进行关联，但是对于一些城市生态系统而言，在进行城市的开发建设中，因为出现水土的流失和冲击等威胁，导致出现了大面积的裸露山体，海水出现水体的富营养化，之所以如此，是因为忽略了人居环境和绿地系统的动态平衡和交互作用。

（四）现行规划编制办法和规划空间范围的局限性

现行的《城市绿地系统规划》分为多个层次，作为城市绿地系统专业规划，是城市总体规划的重要组成部分；作为城市绿地系统专项规划，是对城市绿地系统专业规划的深化和细化，其主要任务是合理安排城市内部绿地系统的规划结构和城市大环境绿化的空间布局，实现对城市生态环境的改善和保护，对城市中人居环境进行优化，同时促进城市的可持续发展目标，但是在绿地规划上，所使用的依旧是在 20 世纪 50 年代初期苏联城市所使用的方法，布局上的原则就是“点、线、面”的结合。对于绿地系统而言，主要是对城市中规划编制里的绿地系统进行规定指标；重视城市在其公共绿地上的发展，分期对城市园林绿地进行建设，要按照规模的大小分级管理，保证其措施是有效的。对于城市而言，整体环境不断恶化，这就导致这些措施的实行是杯水车薪的，随着城市化进程加快，要想让城市的发展健康良性，就要对城市进行进一步发展，对其边界进行约束。

## 二、基于整体系统观念的人居环境绿地系统体系

（一）从整体的观念出发来理解人居环境绿地系统体系

对于人居环境绿地系统而言，其在空间网络上的完整性决定了人居环境的环境品质，形态体系和系统结构是其重要的组成要素，同时其本身又具有一定的空间特征，承担不同的特色活动，对于人居环境而言，其是相互影响和作用的，共同构成人居环境绿地空间，所以对于整体形态而言，不能将其进行隔断，进行研究时要将其看成一个整体，寻求其

中的片段，联系其中的共存关系。

（二）从系统的观念出发来理解人居环境绿地系统体系

人居环境与人类所生活的地表空间密切联系，是人类发展过程中重要的劳动对象、物质基础和生产资料，是一个相对开放的巨型系统。

（1）对于各个系统而言，其之间的联系是紧密的，形成了一个网络，所以每一个单元产生的变化都会对其他单元产生一定的影响。

（2）对于系统而言，其结构是多层次的，每一个层次都会对其上层的单元进行构建，对于其功能上的实现具有重要意义。

（3）系统本身是具有开放性的，其本身和环境的联系是密切的，随着不断地变化发展，是能与未来相适应。

（4）对于系统而言，其本身是动态的，因为其是不断发展的，所以具有一定的预测能力。

（三）从层级的观念出发来理解人居环境绿地系统体系

和自然界一样，人居环境绿地系统在其结构形态的层次上是多级的，在其形态和结构上实现了从城镇的集聚区到市域和城市，再发展到村镇当中，其空间上尺度的层次结构形态是不同的，其分类依据的就是居民日常活动的距离远近。对于人居环境绿地而言，其在空间上也是从比较近的组团向着区级到市级进行空间层次的发展的；这些年来，很多交通工具开始慢慢普及，如汽车等，这就使居民更便于开展户外活动，户外活动范围从原本的市区拓展到远郊和郊区。

对于人居绿地系统而言，我们可以认为这是一个有着多重等级层次系统的整体，这一整体是有序的，同时在其高级层次系统中，具有一定的低级层级系统，保证其层次上的完整性，对于其性质在等级上也是不同的，各个层级设置了一定的过度机制，保证其在结构形态模式上的相互制约。例如，市域绿地系统就受到城镇集聚区域和城区绿地系统的环境及组分约束。因而，人居环境绿地系统的结构与形态具有特定区域的层次性和多元结构空间的层次性。

（四）从生态的观念出发来理解人居环境绿地系统体系

生态学是研究生物及其环境关系的科学，人类作为地球上的高等生

物，其生存和居住、生产、生活的人居环境属于人类生命活动的过程之一，应该通过与自然相和谐的方式过健康而丰富的生活。对于环境科学和生命科学而言，其联系是密切的。所以，从生态学观点而言，其在人居环境的研究中所占据的位置是至关重要的，并且对于生态学本身的研究成果的实现也要通过人类活动本身的实践才能体现和落实。

运用生态学的基本观点，能对地球的生物圈空间进行两大系统的划分，其中包括自然生境（Natural Habitat）和人居环境（Human Settlement）。对于这两大系统而言，其关系是边界模糊和相互包容的。

自然生境主要是指一些没有受到过人为活动干扰的空间，这些空间还保持着原本的状态，无论是植物还是动物，生态因子本身的变化主要来源就是自然演进规律，自然生境是对地球生物圈的平衡进行维持的重要物质基础，是地球生物资源保护的重要对象。

在人居环境中，具有多项生态因子，与人类活动相互影响着，人类的生存对自然进行利用，同时对自然的主场所进行改造。根据生态学，人居环境的主体是人工生态系统。

人居环境空间根据人类在生活作用和功能的不同以及人类本身对行为影响程度的不同，又可以进一步划分，包括人居环境绿地系统（Human Settlements Green Space System）和人工构筑系统（Man-made Building System）。人居环境绿地系统主要需多人参与，经营和培养出具有环境效益和经济效益的绿地，包括一定的水域，对自然进行利用，将自然作为主体，实现开发。清洁的水、休憩场地和需要的粮食等对于人类在历史景观保护和科学文化的发展上所起到的作用是重要的。

按照生态系统的非生物成分和特征以及是否受到人为干扰和干扰程度的高低，可以确定人居环境绿地系统空间构成的理论框架及其在地球表面生态系统中的定位关系。通过协调人与自然的关系来达到区域范围内人居环境的生态平衡即人类活动与自然环境因子之间能流、物流、信息流的动态平衡。

### （五）从学科的发展出发来理解人居环境绿地系统体系

就目前来看，很多科学研究得出，21 世纪生态危机是全人类所要共同面对的挑战与危机，对于城乡人居环境建设来说，人与自然的协调是至关重要的，对于可持续发展而言也是其重要途径。

芒福德认为：城市和乡村是同一回事，而不是两回事，如果问哪一个更重要的话，那就是乡村比城市更重要。从他的论述中，表明了人类作为地球生态系统的组成部分应该顺应自然规律，与自然协调发展。人居环境绿色空间作为地球生态系统中人工系统到自然系统的过渡层面，被自然演进规律和人工的活动影响，对其进行合力调控，对学科的发展而言，也是对生命科学和建筑科学在研究方法上的发展，其中包括对现代人居环境在科学理论这一框架下的建筑、生态、地理、园林和环保等多个方面的渗透，对其发展具有协同作用。

## 第二节 人居环境住宅绿地与公园绿地规划设计

### 一、建设生态住宅

#### （一）生态住宅

现在的生态住宅定义是没有标准的，但是国际标准有三个，也就是以人为本，实现对健康舒适的呵护；对资源要进行节约与再利用；对周围的生态环境，应该是融合与协调的。在进行“生态住宅”设计时，好的室内空气条件和生态气候上的调节能力是至关重要的，有利于建筑和生态环境循环。

乡村住宅被称之为农舍或农村住宅。对于一些农村地区而言，其生态环境被破坏，这就导致乡村的住宅环境发生恶化，人们要保证其生态环境和人居环境的关系，要保证其建设和发展是同步的。

生态住宅建设可以从六个方面进行：使用的材料、采用结合当地风俗习惯和气候条件的住宅单体造型、利用可再生能源、采用立体绿化美化、利用处理水的循环发展生态经济庭院和发展生态庭院经济。

#### （二）村落环境

建筑本身和其周围环境可以是独立的，但其又是相互联系的，住宅也有自己的生命，如果一个住宅没有一个适合的环境，是不能进行生存和发展的。我国乡村建筑的发展是迅速的，无论是过去还是现在，都有大量的优秀建筑和文化遗产。例如，我国湖南的凤凰古城本身就是一个

生态环保建筑群，是非常优秀的，包括总体规划、广场布局、商业网、水系桥梁、道路系统、环水民居、曲折弄堂以及民族风格、景观小品，原生态的生态水系环境和住宅完美融合，共同构成了居民们购物、文娱、玩赏、交流等活动的步行区。只有综合开发才能共生发展，乡村住宅环境建设也应参照古建筑的生态环保系统来建设。但从目前的情况看，要发展住宅与生态大环境需要更进一步地做出研究与努力。

村落环境在乡村生态住宅建设中具有重要的意义，村落环境可为居民提供休闲娱乐、公共活动与交流的场所。其空间布局、环境质量、文化氛围都影响到居民的生活质量和心理健康，在建设中要注意强调村落的合理布局、保持乡村风貌、提高绿化率、规范道路交通等几个方面。

道路的设计是景观设计中比较基础也是较容易被忽视的部分。乡村的景观设计应在保持生态自然面貌的前提下，提高道路设计的科学性，这样不仅可以使景观分布更加合理，也有益于生态建设。

一般的硬质道路对生态环境具有负面影响。道路数量的增加会影响其与周围环境的协调程度，造成景观分布破碎化，也会给原有的生态造成负担。为减少道路带来的消极影响，道路的建设应与周围环境协调发展，尽量避开珍稀植被和生态价值较高的地方。同时，路面设计应采用透气透水的材料，道路两旁要种绿化，根据道路等级和车流量，合理规划道路铺装方法。

## 二、公园绿地

公园绿地开始于欧洲，源于被称为 common 的公地，主要向一般市民开放，撤去城墙后将其遗迹建设为公共绿地。现在这种真正的城市公园建设，是以美国纽约中央公园的建设为源头的。中央公园（面积为 340 公顷，于 1858 年开园）是在产业革命后，开始城市化进程的纽约为了城市里的居民们可以有休憩的场所而建设的，设计是以竞赛方式进行的。第一位设计者奥姆斯特德设计公园的灵感不是源于规则式的庭院，而是英国郊外的田园风景。这类公园为那些在白天没机会接近自然的人提供了一个可以在身边感受自然的机会。

这种公园绿地营造的起点是，将与城市化要素相反的自然因素导入，但是这种自然因素是比本身的大自然还要与人类的生活紧密相关的田园景观。无论是现在还是将来，这都是在缺乏自然的都市环境中追求

的公园绿地的本质。

自2008年以来，打破迄今为止的思维方式的框子，新的公园绿地设计事例也开始有所进展。这种新设计的动向是关注生态系统和活用地域特性的建设方向，说明迄今为止的公园绿地建设由单纯的活动场所与面积的确保等解决量的问题开始向注重地域特性与特质等质的方向发生改变。另外，高龄化社会的到来、休息时间的增加，更加使与环境问题相关联的重视自然和生态系统的社会倾向变得强化，这样对公园绿地的期待也就日益增大。

下面主要从田园风景特色再创造的观点对公园绿地营造进行提议。

### （一）设计有亲切感的人性化空间

田园风景之所以能让人觉得踏实，是因为这一空间是人们用双手创造的，有着人性化空间尺度。

现在的公园绿地具有广场、园路和花坛等多种设施，规模相对较大，无法为人们提供所需要的踏实感。这是因为其本身和人们能感到舒适的人性化空间尺度标准是不相符的。

图5-1　太原金桥阳光公园绿地

对于人们来说，尤其是一些主要为了帮助人们放松和休闲的公园绿地，要减少那种大型设计，在构造上本身就比较大的物体需要用心将其隐蔽，这一过程可以积极利用植物造景。对于台阶而言，扶手或是绳子的设计是较少的,在日后的设计工作中,要安排轮椅,同时对花草等设计安排,这样才能让高龄者和残障人士感到亲近和快乐。

（二）将对土地自然的改变控制到最小限度

在公园绿地中,对规划地域所具有的地形条件和既存植被等很少进行考虑,设计和施工都以标准化的形式进行。这样的公园绿地局部看起来很美,但是和周围的风景无法协调起来,类似这样的例子有很多。

与此相反的,在田园里能够看到的设计,则是没有经过多少人工的雕琢,共斜面承重的部分使用石头和混凝土,另外的部分使用土和木材等,尽量把人类的干涉控制在最小限度是非常有必要的。

（三）营造能够感受到广阔感和深远感的景观

在田园的广阔风景上要利用好水田、小河、农田和城市山林等,保证要素多种多样,保证其相互关联,让观赏者有深远广阔的体验感。

相比于以上场地,现在的绿地公园存在一定问题,其本身面积就比较小,又因为其中有较多的设施,使其空间更加狭小,对于公园绿地而言,针对在紧张的城市空间中生活的人们来说,不仅要进行设施的导入以实现对空间的分割和细化,而且要保证空间本身的独立性。

（四）营造柔和的风景

土和绿是田园风景营造的基础素材,对这些素材的活用,是乡土景观设计的真髓。

公园绿地的设计也是如此,将土和绿所具有的柔和性进行最大程度的应用,力求为城市居民营造出舒适的空间。

对土和绿的柔和要素进行活用的事例,以慕尼黑市的奥斯特公园为例,这个公园利用市内地铁工程建设,营造出具有起伏的地形,点缀了一些树木,形成了柔和的景观。

（五）使多样的生物可以生息

迄今为止的公园绿地,多把休息或者娱乐活动等作为重点,与生物的亲密接触仅仅限于鲤鱼和萤火虫等很少一部分动物。

1990年以后，城市生态公园以从小昆虫到野鸟的食物链金字塔为基本，注重与多种多样的生物进行亲密接触的公园绿地逐渐开始盛行。

从另一个角度来看，公园绿地的营造应该和真正的田园一样，不反对生态系统的连续性，其中包括食物链等，重视生态系统的完整性。

以东京港野鸟公园为例，这个公园是以鸟类生态系统作为中心展开的，为了鸟类以及可作为鸟类食物的鱼等能够在这里繁衍，设计者颇费心机，与其他的野鸟公园不同，不仅仅是放养动物，而是要让其处在生态系统的顶端，实现对其中生物的支撑，这样的生物链对于环境建设而言具有重要意义。

（六）营造能够体验大地丰收的场所

在田园风景中，有着稻穗、柿子等各种各样的食物，看到这一景象的人可以体验到大地的丰收与结果。但是这种收获的体验不是没有规律的，高地上的田地，低洼处的水田，房子的南面分布着橘子等果园。只要进行适当的管理就可以体验到收获的喜悦。这样的场景因为能够给予作为生命体的人们以安心的感觉，在作为休息的场所、舒适的公园绿地中也应该积极地引进一些这样的元素。

以日本东京足立区的都市农业公园为例，这个公园以提供接近农业的机会和与农民进行交流为主题，准确地营造出田园风景，公园里开了市民农园和柴园、橘子园等，在体验农作物丰收结果的环境中，体验农民的劳作和农村的生活。

（七）设置交流场所

在农村一般都有庆典集会场所，供孩子玩耍和给地区的居民们集会时使用，这种交流场所一般都设在镇守森林和十字路口的广场等地方。不仅在特定的日子才使用这些地方，而且能够使行政管理等无法共同实施的村子之间也有连带感。

以东京丰岛区的十字广场为例，这个广场在设计阶段就召集当地年轻的商店主和居民来参与，从广场的设计方案到施工、管理、运营直接都有居民参与。因此，当地的居民都非常热爱这个广场，对其积极地进行管理和利用，将其形成一个聚会的场所，使其发挥出很大的作用。

（八）培养创造力和冒险精神

专门赶赴农村去游玩的孩子们，不应该仅仅是去玩那些专门设立在田园中的游乐设施。应该进行一些游乐设施的建设，这样才能保证孩子们对于游玩方式的享受。只有这样，才能让孩子们进行游玩的同时对事故发生的原因进行了解。所以，冒险和创意对于游玩而言是至关重要的。多数公园绿地都是过分地讲究安全对策，只是设置那些常规的游乐设施，根本满足不了孩子们的玩耍需求和冒险心，很快就让他们厌倦了。在公园绿地中，有能够让孩子们自由自在进行玩耍的地方实在很必要。

## 第三节　乡村绿地系统规划的具体分析

### 一、村镇绿化的内容

与大中城市相比，村镇绿地的构成、作用、规律和建设都与大中城市有所不同，具有自己的明显特点。

（1）由于村镇规模较小，与周边农村及邻近城市联系紧密的原因，村镇的一个突出特点是其对于乡村和大城市而言是一个重要纽带，相比于大中城市中的绿地，村镇绿地和城镇郊区中绿地的关系是更加密切的。

（2）无论是欣赏水平还是生活方式，村镇绿地的使用者和大中城市中的居民的差距是相对明显的，这就导致在进行绿地规划时要考虑其主体的使用者需求。

（3）对于村镇绿地而言，其本身特点很明显，因为其在用地规模和人口规模上与一般的大中城市有着一定的区别，所以村镇绿地体系中的各类绿地类型都不同于大中城市，一般数量较少，规模较小，类型较少。

（4）对于村镇而言，其建筑层数更低，同时其街道也更窄，对于很多村镇空间没有进行及时的规划，是没有规律也没有规则的，这就对村镇绿地在后续的设计上造成困扰。

总体来讲，根据村镇绿地系统的特点，充分发挥其优势，弥补其不足

是村镇绿地规划建设中应重点加强的关键。

小城镇的绿地规划主要是对城镇生态绿化环境进行保护，城镇绿地系统应该建立一个好的中心，保证可持续发展原则，净化和美化环境，创造村镇的园林绿地形象。

## 二、村镇景观是城市形象和人居环境的重要组成部分

### （一）郊区村镇景观建设迫切需要引起高度重视和广泛改进

（1）村镇建设还没有统一开展景观规划，在景观上还处在无序状态，建设带有强烈的自发性。

（2）村镇景观各要素缺乏美感。公共建筑、院落绿化、道路桥梁指示牌等构筑物的建立缺乏美感，这些是景观重要的组成部分。

### （二）标本兼治使村镇景观与郊区优美的自然景观相映生辉

就目前城乡的统筹发展而言，其不仅是经济上的发展，环境也要进行统筹发展，在村镇的景观建设上，要获得人们的支持，包括郊区的居民，让大家携手打造好的景观，这不仅对人的全方面发展是有帮助的，对城乡的协调发展也有帮助，对城市在整体形象的改善也是至关重要的。

（1）村镇中的景观规划要进行设计，对已经制订完成的村镇总体规划，要根据不同的文化背景和地域，确定景观的重要部位，包括一些具有风景名胜的村镇和在主干道两侧的村镇，其规划与其周围村镇应是统一的。

（2）村镇中的构筑物外观是入手点，所有的景观都要在一定程度上进行景观状况的改善，由表及里，建筑外观不美观可以涂色；牌示进行美化和规范化，包括招牌、指路牌和说明牌等。

（3）村镇的绿化要根据园林本身的标准调整。园林式绿化有助于改善村镇景观，对于一个村镇而言，本身也是一个花园，一旦进入这一村镇，就代表其进入了花园，村镇的绿化风格就是质朴自然，不需要进行雕琢，从微观上要实现环境的美化，使村镇融入自然。

总之，以统筹城乡发展的科学发展观来指导郊区村镇的景观建设，有助于提高村镇景观水平。

# 第四节　乡村绿地系统营造的深入分析

## 一、树种选择的原则

村镇绿化应有合理的布局，根据不同场所选植不同树种。

首先，要坚持的原则就是适地种树，也就是森林植被的种植要与自然规律相符，调查本地的自然条件、森林条件和气候，选择适合种植的树种。

其次，种植主要就是乡土树种，突出本地的特色。无论是土壤还是气候，乡土树种的适应性都是比较强的，也具有一定特色，可以适当采用。比如，在昆明就适合选择香樟、桧柏、冬青、石楠、女贞、桂花、玉兰、杜鹃、杜仲、槐和竹类等。一些在本地缺少的，但可以适应当地环境的树种也可以引入，这些树种一般都有一定经济价值和观赏价值。比如，雪松、广玉兰、紫荆、紫薇、红枫、无球悬铃木、合欢、栾树、七叶树等。

再次，在树种的选择上，针对气候和土壤，选择一些有着较强适应性的。比如，槐树、垂柳、夹竹桃、黄杨、龙柏、榆树、悬铃木、棕榈、桑树、樟桉、桧柏、松类等。

最后，树种的搭配应是合理的，乔木应该是行道树中的骨干，占据70%，乔木与灌木、落叶与常绿树、速生树与慢生树、乔灌木与花卉间适当搭配。

## 二、种植规划的原则

### （一）道路绿化树种的选择

道路若是比较宽并且两侧的建筑物比较矮，就可以进行高大果蔬的种植，如海棠、山楂、核桃、银杏等，海棠在春季是花团锦簇的，山楂和银杏形状比较雅致，其叶片也比较美观，核桃树叶比较大，并且是深绿色的。对于比较窄的街道，更适合进行柿树的种植，对行人不会产生影响，对空间阻碍也比较小。柿树本身有着较强的适应能力，其在管理上比较简单，无论是在酸性土壤还是在碱性土壤中都能种植和生长。在深秋

时，树叶是红色的，果实是黄色的，在枝头上挂着格外好看。除此之外，街景绿化和高速旁的绿化带种石榴也是一个好的选择，石榴本身颜色就是叶绿花红的，有着鲜艳的色彩，让人喜欢，有着很高的观赏价值。

（二）村镇学校的绿化

根据学校本身的不同环境选择树种，如可以选择有着较大冠径的树种，孩子们可以乘凉；在围墙旁边的步道上，可以栽种一些花卉，选择容易管理并且有着较长花期的、颜色也相对绚丽的花卉，这对学生视力的调节和对大脑疲劳的缓解具有重要意义。

（三）村镇溪河道路的绿化

水边选择的树种应该具有耐湿性，道路两旁的树种应该可以遮阴，田路可栽植有较小的冠径的植物，不会干扰作物生长。对于村庄和庭院而言，其周围所种植的树种应该是根据其空间大小进行选择的，根据其经济收入进行确定，同时对于环境的营造具有重要意义，在农村牲畜家禽卫生设施的旁边，其树种可以选择夹竹桃等有着较强抗性的树种。

（四）村镇公共场所的绿化

村镇公共场所的绿化主要是为村民提供舒适的环境，所以在种植时应该选择寿命长和有着较大绿量的绿化植物。在进行绿化时，要对树穴进行挖掘，同时要经常进行施肥、栽植、浇水管理等，帮助村民进行绿化意识上的提升。

# 第六章　乡村旅游规划研究(一)

## 第一节　乡村旅游设施的保障与建设

### 一、接待服务设施规划

乡村旅游接待服务设施与乡村旅游区域规划、旅游产品相对应,应分级设置,因地制宜。

(一)建立健全乡村旅游游客服务网络体系

建立市—区县—乡村旅游景区(景点)三级客运服务网络体系。以重点乡村旅游区县、乡镇村为主,分阶段、分批次实现游客服务网的全面覆盖。例如,依托重庆市旅游集散中心,设置主城都市区乡村旅游集散中心,为主城都市区居民、外地游客提供乡村旅游信息咨询、旅游集散换乘、景点大型活动、客房预订、票务预订等乡村旅游综合服务,其建筑面积规模在3000平方米以上;各区县(自治县)乡村旅游接待部分中心建筑面积规模在2000平方米以上;大型旅游区游客接待服务站建筑面积规模在500平方米以上;乡村旅游景区内设置相应服务点,建筑面积规模在200平方米以上。

(二)加快游客服务中心的信息化建设进程

利用数字化的技术和通信手段,加速推进市级和区县级在游客中心的游客服务中心的信息化,乡村旅游网站和相关的乡村旅游网上的电子

商城在开发上给予一定的鼓励，大力开发乡村旅游中的电子产品。这便于旅游者获取信息，完善乡村旅游的同时，建立区域中的乡村沟通网络，保证对跨部门的联合和实现。

（三）完善游客服务中心功能

不只要为旅游者提供基本的旅游信息咨询服务，同时要推进游客服务中心的建设，建设旅游中的预定、体验和投诉等，保证游客在游玩的过程中享受到一体化服务。

（四）突出游客服务中心特色

游客服务中心是乡村旅游景区的景点，在视觉效果和服务理念上需要进行设计和统一，其建设应是具有一定乡土气息的，也要具有一定特色。

## 二、餐饮设施规划

合理利用特色主题餐厅，在农家乐和酒店要推出乡村旅游餐饮特色，符合游客的品质和档次；创新和挖掘地方特色，保证菜肴具有地方特色，符合当地民俗，体现乡村的多元化美食体验。

（一）加快乡村餐饮设施建设与完善

按照“分级规划建设，体现地区特色，融入地方文化”的原则，建成特色主题餐饮街区，乡村旅游主题酒店、农家乐餐饮等形式多样、档次各异，融餐饮、娱乐、文化、休闲于一体的乡村旅游餐饮服务体系。

（二）丰富和发展特色的乡村旅游餐饮产品

构建以地方风味菜肴，养生食疗菜肴、特色风俗菜肴、鲜花盛宴菜肴，梵音禅斋菜肴等为代表的多元化、特色化乡村美食产品体系。

（三）加强管理，营造良好用餐环境

充分发挥农家乐协会、乡村旅游协会或合作社的作用，加强乡村旅游餐饮行业经营管理，餐饮场所要达到GB16153—1996《饭店（餐厅）卫生标准》规定的卫生标准，旅游部门要会同卫生部门、工商部门等，制

定相关的餐饮卫生、经营、服务和管理等政策法规和奖惩激励机制，保证食品卫生安全，为游客营造良好的用餐环境。

## 三、住宿设施规划

### （一）建立健全乡村旅游住宿接待设施体系

根据游客需要的不同，综合型酒店规划时要保证其功能的搭配是合理的，在档次上具有全面性。

### （二）优化乡村旅游住宿的类型结构

各区县需在突出地方及乡土民俗特色化的基础上，建立观光体验型、休闲度假型、疗养型、商务型等多元化的住宿类型结构体系，针对不同乡村旅游产品类型开发不同住宿产品。针对观光型旅游产品，主要依靠大型景区发展星级酒店、旅馆；针对休闲型旅游产品，主要依靠村内新建、改建的旅馆，要求卫生、舒适、方便、经济实惠；针对生态型旅游产品，选址修建乡村度假酒店和生态旅馆，借鉴国外乡村旅馆的经验，严格按照国际标准运作；针对文化探秘型、体验旅游产品，主要使用农家乐、家庭旅馆等，要求卫生、方便、有特色。

### （三）加强住宿设施的管理

根据各区县实际情况，制订相应的住宿设施质量等级划分和评价条例、服务标准等，对区内住宿设施进行统一管理。

## 四、交通设施规划

### （一）交通设施建设规划

以高速公路和铁路为骨架，以航运为辅助，积极推进支线机场的建设，配合建设直升机场，发展旅游空中交通，构筑快速便捷，安全舒适的乡村旅游交通网络，实现“快旅慢游”的目标。

（1）以重庆市为例，依托重庆市“三环十一射多联线”高速路网基本骨架，解决市内各个景区之间的快速、便捷交通。

（2）从县城到主要乡村旅游景区、片区的路应达到二级公路及以上标准,景区、片区间的道路应逐步达到三级公路以上标准。

(3)完善重点乡村旅游点及村落之间公路,达到三级公路及以上标准。

(4)公路建设应将自然生态保护建设与公路观相结合,使之融为一体。

(5)联系旅游景区,村寨的中心地段,选择景区、村的边沿地段建立停车场,通过步行道进入景区、村寨。

(6)停车场、步行道的建设材料应尽量因地制宜、就地取材,要充分考虑生态因素和地方特点,反对简单地使用水泥铺设,造成生态和景观的破坏。

### (二)交通组织规划

#### 1. 常年与季节性乡村旅游的交通组织规划

适宜常年旅游的景点,应立足和依托现有交通资源。根据现状交通枢纽布局,结合旅游集散中心的建设,整合现有旅游专线,提高景点直达率;充分利用轨道交通和市区县公交快线资源,实现市—区之间的快速通达,并配置区级旅游专线,串联相邻景点。以自驾车出行为重点,以其他交通方式出行为辅助,完善交通标志指引和交通信息引导。以地面公交为辅助,合理调整现有镇域公交线路在充分考虑绕行距离的条件下,使其覆盖更多的景点。

季节性特征较强的乡村旅游景点主要依托季节性的旅游专线,在区域层面上统筹配置,统一由市旅游集散中心开设一些由旅游集散中心、区县级集散中心或交通枢纽站发往景点的旅游专线。

#### 2. 市区至郊区、郊区之间及内部乡村旅游交通组织规划

以重庆市为例,重庆乡村旅游市区与郊区之间的交通联系要依托旅游专线、轨道交通、自驾车以及地面公交。

市级旅游专线:市区与郊区之间的交通联系宜依托市级旅游专线为主,整合市区和郊区线路。根据景点的积极性,实现景点和客运企业共营专线车辆,车辆选用高等级车辆,同时在车上适当配备导游,为乘客讲解沿途和目的地景观。车载电视播放旅游景点信息,可与景点实现联营,代售景点优惠门票。

轨道交通：结合重庆主城"六横七纵一环七联络"规划，主城近郊的乡村旅游景点要依托轨道交通，开设区级旅游专线。根据区内景点的区位和轨道站点的位置，选择合理的轨道站点开设用于接驳①的区级旅游专线。结合景点的季节性和时段性特点，对线路的发车班次、走向、站点设置进行合理的统筹规划调整。

自驾车：对于提供特产购买服务、面向高消费群体，以及那些客流规模不足的景点，主要依托自驾车交通，突破各景点在道路设施方面的障碍；加强乡村旅游信息网络建设，利用信息平台发布交通信息；完善道路通指引标志，旅游景区须由远至近依次连续引导，结合《道路交通标志和标线》（GB576—1999）的规定，距离旅游景区 500 米以外范围须设置旅游景区方向距离标志，距离旅景区 500 米以内范围须设置景区方向标志，旅游景区指引标志第一次出现后，需在转向分叉时设置旅游景区方向距离标志或旅游景区方向标志，在大于 5000 米的直行路段宜增设旅游景区方向距离标志；在乡村旅游景区入口位置设置停车场指引标志。结合道路交通建设配套修建停车场，乡村旅游景点停车位高峰日每百位游客配备旅游大巴车位 0.2 ~ 0.5 个、小汽车车位 3 ~ 6 个，停车场的选址原则是兼具便捷和环境保护，在区域内生态旅游区布置停车场时减少对环境的污染，停车场须建设在距离景区有一定距离的地方，再通过其他环保型交通方式（如景区电动车、步行景区道路）将游客引入景区。停车建设的同时配建信息咨询、餐饮、休息和车辆维修设施。

地面公交：一是结合市通郊高速快线，针对一些有积极性的区县，建立区级旅游集散枢纽，开通其发往区县内各景点的区级旅游专线；二是常规地面公交线路资源，以尽量减少成本和降低对周边居民的影响原则，结合景点的季节性和时段性特点，对线路的发车班次、走向、站点设置进行调整。

3. 区县内部，景点之间的交通组织规划

郊区区域内部、景点之间的联系由区级旅游专线、郊区常规地面公交线路连接为主，对于近期确实难以依托区级旅游专线或郊区常规地面公交线路，自身交通条件存在障碍的景点，可依托特色辅助交通方式

① 接驳：一指无缝连接，广州话，指搭车的、换乘的意思；二指机电一体化术语，即连接，通常是利用接插件来完成的；三指建筑装置，通过接驳器达到钢筋连接的形式。

（如微型车、自行车、步行）进行接驳。

区县级旅游专线：对于该旅游专线而言，应该从原本的“一点发车，终站停靠”的模式向着“多点发车，快速便捷”的方式转变，停靠地点仅包括旅游景点，同时对模式的旅游专线进行开发，保证旅游专线不只是从集散中心向着经典发散的，对于区内交通枢纽和轨道交通相结合的，要有针对性地开设相关的旅游专线。同时，根据其场景的不同和季节上的不同，对绕行距离进行充分考虑，保证其覆盖更多的景点。

镇域公交：结合镇域交通规划，根据村村通公交线路的调整来服务旅游景点。在充分考虑周边居民出行、地面公交运营的成本直线系数等因素的情况下，结合区县的积极性，兼顾游客出游，对镇域公交的走向、班次、站点设置等进行适当的调整。考虑到出游需求的特殊性，在站点设置上距离景点不宜超过500米，结合景点客流的季节性特征，合理安排常规地面公交线路的发车班次。更新地面公交站点和站牌设施。积极推广新型环保节能公交车的使用，结合区县积极性，展开实施可行性的研究。

特色辅助交通方式：对于那些客流不成规模，公共交通和自驾车配套设施又难以在短时间得到改善的景点，利用特色辅助交通方式（如景点微型车、游览观光车、自行车、步行）进行接驳。

4. 娱乐设施规划

要在其精神文明上进行建设，保证其文化娱乐产品是活泼、优雅和高质量的，吸引游客，展示新农村的风貌，对现代化乡村社区文体娱乐设施进行适当规划与建设，保证其和该地乡村旅游发展上的结合，要进一步地丰富旅游文化设施，发展旅游文化产业，在乡村旅游活动中融入文娱活动，完善旅游服务体系，保证其所开发的特色文娱项目是更加丰富多彩的。

## 五、邮电通信规划

基于现有的通信网络，对于乡村旅游在其有线通信上的业务进行完善，完善宽带网络和移动电话等服务。对于乡村旅游，要在酒店中开设通信设施，提供计算机网络服务，设置客房直拨电话。对于星级农家乐

而言，需要设置移动电话、有线电话、邮递服务等信息传递系统，保证通信是顺畅的，同时技术上也应相对先进，保证联络与安全性。

## 六、水电设施规划

### （一）供水系统规划

加强国家级城市供水水质监测站对供水质量的监督和查处，进一步完善各区县水务中心职能，为各乡村旅游点供水、排水、水处理、水资源、水环境等整个水行业的发展提供技术支持，并力争建成具有国际先进水平的国家级城市供水水质监测系统。各供水系统应建立在对该区域发展规模合理化预测并适当超前的基础上，建立相对独立的供水系统，以保证该区域正常的用水供给，并加强对饮用水水源地的污染控制和消毒处理，对已经建立的供水系统进行改造，保证供水符合国家标准。同时，建立严格管理措施，加强监控，严防供水污染，防止供水成为影响区县旅游形象的障碍。规划在各乡村旅游点根据各地用水量的大小，建蓄水池和水塔，水经过滤沉淀后，统一用管道供生活、环卫、日常绿化等使用。规划给水管沿道路埋地敷设，有步骤分阶段更新现有的供水管道，利用新技术、新材料完善输配水管网，改造屋顶水箱，杜绝供水的二次污染。

### （二）电力系统规划

统筹电、煤等能源建设，构建经济、安全、清洁的能源保障体系。全面完成全市各区县农网改造，实现同网同价。优先保障乡村旅游用电，确保乡村旅游用电的安全和稳定。在加快电源建设的同时，加快配套输变电的建设，逐步优化电网的网架结构以提高电力输送效率。

## 七、安全卫生发展规划

### （一）安全规划

各乡村旅游点游览内容和旅游服务设施的建设，首先必须充分保证游客和工作人员的生命、财产安全，使游客能够安全、顺利地到达各个游览景点，达到“高兴而来，满意而归”的效果。

（1）在地形复杂、坡度较陡、相对高差较大的地方，建设坚固的防护设施。

（2）安排紧急救助车辆，在游览过程中游客一旦出现意外，救援人员可以及时赶到，并实施救助。

（3）在电力设施周围，应根据具体情况配置应有的防范性设施，以保护游客人身安全。

（4）设置固定咨询点和投诉服务电话，以最快的速度处理游客在旅游过程中遇到的困难。

#### （二）卫生规划

（1）加强乡村旅游卫生管理。对各旅行社相关人员及食品从业人员进行全面的卫生知识培训，食品从业人员必须持健康证上岗。确保大规模乡村旅游点配备医务人员，加大各乡（镇）、村医务人员培训工作。

（2）加强食品卫生监督管理，卫生监督部门进行全程监厨，同时对就餐人数过多超过接待能力的单位可采取适当分餐措施，以防止备餐时间过长和超负荷生产经营而使食品卫生质量下降。

（3）相关部门要采取有效措施，确保安全，采购食品严把质量关、实行索证备案制度。

（4）严格控制乡村旅游卫生标准，以能向广大旅游者提供卫生安全健康食品为前提条件，通过全面的指导和管理，提高旅游饮食卫生安全水平，预防和杜绝食物中毒事件的发生，确保消费者食用安全。

## 第二节　乡村旅游形象树立与设计

### 一、乡村旅游指导思想分析

对于乡村旅游规划而言，其在指导思想上的主要依据就是市场经济战略思想，融入可持续发展思想，保证其动态发展思想和生态发展思想，并适合乡村旅游者在其旅游需要上的战略思想。

## 二、乡村旅游发展目标研究

凡事预则立,不预则废。确定规划地乡村旅游的发展目标是乡村旅游发展规划中不可缺少的一环,对于乡村旅游发展规划的区域来说,乡村旅游不是唯一的功能,将会涉及第一产业、第二产业和第三产业,乡村旅游发展目标的确定,将决定乡村旅游业的产业地位和发展速度,因此在综合考虑各要素基础上制订合理的乡村旅游发展目标体系显得尤为必要。

对于乡村旅游而言,其发展的目的是什么?很显然,乡村旅游是在乡村地区开展的,有助于实现经济提升,也有助于就业率的增加,故乡村旅游发展不可忽略这一目标。

## 三、乡村旅游市场定位研究

在对乡村旅游定位的过程中,以下几点是至关重要的:(1)乡村旅游游客出行距离短,多开展短途旅行;(2)乡村旅游游客出行时间短,多利用周末出行;(3)乡村旅游客多以城市居民为主,应重点开拓大城市客源市场。

对于目标市场,在对其进行选择时,要对两种力量进行权衡:一方面是旅游地对游客吸引力的大小,主要依据就是在细分市场中,游客本身具有的感知力和其本身具有的意愿;另一方面,对于旅游地而言,目标市场本身的客观评价和指标是重要参考。

## 四、乡村旅游形象定位研究

### (一)主题形象设计

旅游形象指旅游者对旅游目的地总体概括的认识和评价。它是旅游目的地在旅游者心目中的一种感性和理性的综合感知,它在旅游开发、旅游营销和旅游决策中作用巨大。潜在的游客是由“形象”做出判断进而产生前往旅游的兴趣的。

我国很多旅游地在主题形象策划方面的重视度和所选择确定的主

题形象的科学性普遍存在不足，甚至很多旅游策划、规划的专业机构对此也不是非常重视。实际上，旅游地的主题形象与实际的开发建设经营管理等一样重要，甚至更重要。

主题形象是乡村旅游者对乡村旅游地的总体概括和最直观的认知，乡村旅游活动、乡村旅游项目、乡村旅游环境、乡村旅游产品、乡村旅游商品、乡村旅游服务等都会在游客的心中形成乡村旅游地的印象，而这个印象从设计者的角度来考虑，就是乡村旅游地的主题形象。主题形象在规划地乡村旅游的发展中起重要的作用，它是规划地乡村旅游形成竞争优势的主要条件。乡村旅游作为一项乡村化、平民化、大众化的经济文化活动，主题形象已经成为关系到乡村旅游业繁荣与否的关键指标，纵观国内著名乡村旅游地，大都拥有鲜明的乡村旅游主题形象，如"中国最美乡村"——江西婺源，"天堂苏州，梦里水乡"——江苏苏州；"云岭乡村，镇国史话"——中国云南等。主题形象的设计要注意以下几点：（1）概括规划地乡村旅游的性质特征要客观、准确；（2）尽量考虑客源市场的乡村旅游需求偏好；（3）设计要有新意，尽量突出乡村旅游地的特色；（4）乡村旅游主题形象要得到广泛的认同，尽量不产生歧义；（5）文字表述要有一定的乡村味和美感，能让人产生对乡村旅游地的美好联想。

### （二）宣传口号设计

形象宣传口号是旅游者易于接受的、了解旅游地形象的有效方式之一，是旅游地形象的提炼和界面意象，也是形象定位的最终表述。一个创意设计有特色、有品位的旅游形象宣传口号往往可以产生神奇的广告效果，对旅游目的地的形象塑造与传播具有十分重要的作用。

乡村旅游宣传口号的设计主要有资源导向和游客导向两种方法，资源导向即从规划地的民俗文化、历史遗产、自然资源方面提炼出宣传口号；游客导向即从乡村旅游游客的需求出发，抓住游客寻求乡村性，寻求放松，寻求田园生活，寻求原生态自然环境的心理，向游客传递到达乡村旅游目的地得到什么样的体验和感受。乡村旅游的宣传口号设计还应注重乡村性、地方性、针对性、统一性、时代性、艺术性的原则，尽量体现出乡村旅游地的总体特征，表现出乡村旅游地总体定位，表达出乡村旅游地的个性特点，提升乡村旅游地的主题形象等。

## 第三节　乡村旅游市场的开拓与发展

### 一、乡村旅游客源市场概述

#### （一）乡村旅游客源市场概念

旅游市场有广义和狭义之分，广义的旅游市场指在旅游产品交换过程中所反映出来的旅游者与旅游经营者之间各种行为和经济关系的总和。狭义的旅游市场是指在一定时间、一定地点和条件下旅游产品具有支付能力的现实和潜在的旅游消费者群体。乡村旅游规划中对旅游市场的分析与定位主要针对旅游者，即狭义的旅游市场，因此乡村旅游客源市场指的是在一定时间、一定地点和条件下对乡村旅游产品具有支付能力的实际和潜在的旅游消费者群体。

#### （二）乡村旅游客源市场分析与定位的国内外研究现状

经过近160年的发展，国外乡村旅游的发展已经处于成熟阶段，客源相对稳定，国外学者关于乡村旅游客源市场的研究取得很多有价值的成果，包括客源市场的主体、旅游动机和客源市场的细分等。国内关于乡村旅游客源市场的研究近几年才比较多，借鉴国外的研究成果，目前国内对乡村旅游客源市场的研究包括乡村旅游者的消费行为、消费理念、客源市场细分及定位等；在研究方法上，定性与定量相结合也逐步增多并逐步向实证研究、案例分析过渡；总体上国内关于乡村旅游客源市场的研究还处于起步阶段。

1. 乡村旅游客源市场分析与定位的国外研究现状

（1）乡村旅游客源市场的消费行为分析

根据国外学者的研究，乡村旅游客源市场以中老年人和带孩子的家庭为主，具有一定经济实力，但乡村旅游主体的支出普遍比海滨旅游主体和都市旅游主体低20%～30%。Royo Vela M.（2009）根据对西班牙乡村文化旅游者的研究，得出西班牙乡村文化旅游者以受过教育的成年人为典型，他们对旅游地的忠诚度高并有乡村旅游体验，主要的旅游

信息源于亲朋。

（2）乡村旅游客源市场的消费心理分析

国外学者对乡村旅游客源市场的消费心理研究包括旅游动机和影响因素等内容。在旅游动机方面，部分学者得出美国、英国和苏格兰的乡村旅游者参与乡村旅游活动的主要目的是探亲访友、游览名胜、乡村漫步。部分学者提出乡村旅游者的主要动机是摆脱都市的疏离感、寻找满足感和踏实感、求证自身生活方式和地位。Molera L.（2007）通过对细分市场的研究，得出 4/5 的旅游者关注自然和环境，2/5 的旅游者关注乡村旅游活动，1/5 的旅游者关注与朋友相聚。RoYo-Vela M.（2009）提出西班牙乡村旅游主体参与乡村旅游的主要动机是希望暂时逃离世俗生活，放松心情和肌体，通常选择到新地方旅游。

此外，在影响因素方面，Albaladejo-Pinal P.（2009）提出旅游者对西班牙乡村住宿的选择除了受乡村和自然环境的内特性影响外，还受农屋规模、建筑类型、设施质量以及可提供的活动和服务等其他因素的影响。Opperman（1996）根据对德国南部乡村旅游的研究，得出便宜的食宿是德国南部乡村旅游发展的主要推动因素之一。

（3）乡村旅游客源市场细分分析

Greffe（1994）根据研究，认为乡村旅游者要以家庭度假和主题度假为目标；Opperman（1996）将德国南部的乡村旅游游客源市场细分为有小孩的家庭市场和老年人市场；Frochot（2005）根据乡村旅游主体的偏好将乡村旅游市场细分为乡村型、消遣型、活跃型和观览型；Molera（2007）等把西班牙东南部的乡村旅游市场细分为家庭型乡村旅游市场、放松型乡村旅游市场、积极型乡村旅游市场、乡村生活型旅游市场和乡村住宿型旅游市场五个细分市场。Park D.，Yoon Y.（2009）根据对 252 名旅游者的调查，将旅游者按旅游动机分为寻找家庭归属感的旅游者、被动的旅游者、希望寻找一切的旅游者、学习和兴奋的旅游者等四类。Cai（2002）提出会务旅游是乡村旅游的一个重要细分市场。

### 2. 乡村旅游客源市场分析与定位的国内研究现状

（1）乡村旅游客源市场的消费行为分析

2005 年以来，国内学者对乡村旅游客源市场的研究逐渐增多，一般都采用问卷调查的形式，结合数学统计方法进行分析。总体上，学者们研究的乡村旅游地可以分为都市郊区型和景区依托型两类，其中以

都市郊区型为主。都市郊区型乡村旅游目的地的研究包括粟路军、王亮(2007)以长沙市周边乡村旅游为例,对城市周边乡村旅游市场特征进行研究;徐宏、宋章海(2008)以贵州板桥乡村旅游为例,分析了贵州"农家乐"消费者消费行为的共性与个性,其中共性包括消费的季节性,消费目的地距选择的近程性,出行方式的集体性、自主性,消费的经济性,消费方式的趋同性及游客重游率高等,个性表现在季节性更为明显,自驾游比重更大,重游更高,多为一日游,民族风情元素突出。林明太(2010)以泉州双芹村旅游为例,对乡村旅游游客的旅游决策行为、旅游偏好行为、旅游空间行为、客主交互效应和旅游体验评价认知等旅游前、中、后的行为进行研究;同时,杨华、尹少华、王俊增(2010)对长沙市乡村旅游消费者行为进行调研,王显(2010)对嘉兴市农家乐旅游客源市场进行研究,刘旺、孙璐(2010)对成都城市居民乡村旅游目的地选择行为进行研究,董正秀、周晓平(2010)对江苏地区乡村旅游客源市场分析与营销策略进行研究,张颖(2011)对北京郊区乡村旅游市场进行研究,邢夫敏、丁会会(2012)基于对苏州乡村旅游的调研对乡村旅游客源市场分析及拓展进行研究。景区依托型的研究比较少,张文祥、陆军(2005)对阳朔乡村旅游的国内外游客的行为特征、消费特征、需求特征和倾向进行调查与分析。

(2)乡村旅游客源市场的消费心理分析

除了消费行为,国内学者对消费心理的研究也较多,主要包括对乡村旅游需求、乡村旅游动机、乡村旅游感知、乡村旅游消费意愿及影响因素等方面。

①乡村旅游需求研究

乡村旅游客源市场的消费心理中关于乡村旅游需求方面的研究较多,乡村旅游的需求大致可分为以下几类。第一类,将旅游需求归纳为回归自然、主动参与、求新求知,代表性的学者有杨旭(1992),杜江、向萍(1999),范文赫(2008)等。第二类,将旅游需求归纳为乡村文化,代表性的学者有潘秋玲和黄进,潘秋玲(1999)提出乡村旅游产品的需求具有围绕乡土文化为主题的需要趋势;黄进(2002)提出乡村"意象"的梦想是认为人们对乡村旅游最重要的需求。第三类,将旅游需求与旅游者行为相结合,如宋玲、吴国清、丁水英、谷艳艳(2009)通过对上海市城市居民的调查与分析,得出上海城市居民乡村旅游需求有以下特征:电视媒体与亲友介绍是最主要的信息渠道;以休闲放松为主要期望利

益；注重观赏性及参与性的结合；文化体验型主题最受欢迎；偏爱古朴型住宿设施；注重亲情，偏爱自驾；季节差异明显，偏爱春秋两季出游等。

②乡村旅游动机研究

万绪才（2007）提出参与乡村旅游者的动机包括欣赏乡野风光、体验回归自然的感觉、体验与了解乡村农事活动、参观高科技农业、寻找怀旧的感觉、品尝土特产、购买新鲜的农产品等。徐培、云明（2009）在文献研究的基础上，根据庐山的特点，设定放松身心、景观吸引、体验生活、增长知识、社会交往、从众心理等 6 个主要动机。张颖（2011）通过对北京郊区乡村旅游客源市场的调查，得出大多数乡村旅游者的出游动机是享受大自然，其次是参加乡村活动和了解乡村文化。

③乡村旅游感知研究

吴国清（2009）以上海市为例，对都市居民乡村旅游的需求认知、体验评估等进行分析与研究，得出消费者对乡村旅游的认知度很高，乡村旅游给消费者的印象是悠闲、清新、风景秀丽的，消费者对农家生活、民风民俗的认知率最高，“住”“食”方面最关心卫生问题，对“生态”和“新鲜”的当地特产非常感兴趣。万绪才、钟静、张钟方、赵君等（2011）以南京市为案例，对我国东部发达地区大城市居民对乡村旅游地的感知问题进行调查分析，结果表明目前大城市居民对乡村旅游地的总体印象与对各具体要素感知评价的水平普遍不高，特别是通往乡村旅游地的交通感知评价最差；总体印象和各具体要素的感知评价人口学特征方面所表现出的差异性不尽相同；乡村旅游的总体印象与各具体感知评价间表现出高度的正相关关系，其中乡村风光、餐饮、旅游服务、住宿四个方面的感知评价对乡村旅游地总体印象影响较大。

④乡村旅游消费意愿及影响因素研究

安萌（2012）通过对青岛市 267 位潜在乡村旅游消费者进行调查，应用多变量排序选择模型进行实证分析。结果表明，潜在消费者的乡村旅游消费期望与受教育程度、家庭收入水平、平均每年旅游次数、期望旅行时间和期望餐饮水平这五个因素呈正相关，与年龄呈负相关。同时，女性潜在消费者对于乡村水平这五个因素呈正相关，与年龄呈负相关，同时女性潜在消费者对于乡村旅游的消费期望低于男性潜在消费者，也显得更为理性。吴国清（2009）以上海市为例，调查得出娱乐项目数量少，产品雷同且缺乏新意；乡村景点规模小，布局分散；农家乐卫

生、环境条件较差；商业氛围太浓，“乡村性”弱；服务意识低规范及管理不够到位等是影响都市民乡村旅游决策的主要问题。

（三）乡村旅游客源市场细分研究

不同的学者从不同的角度对乡村旅游客源市场的主体及其细分进行研究，其中认为乡村旅游客源市场的主体是临近的中心城市，包括周末工薪阶层、城市学生、城市离退休职工等的研究比较多。谢彦君（1999）以旅游城市作为乡村旅游的客源市场，将这个市场细分为回城知青、城市离退休职工、周末工薪阶层、城市学生和城市输送出来的外国游客等部分；黄进（2002）提出乡村旅游的市场主体是城市居民，并将乡村旅游市场细分为市里先富起来的一部分人、周末工薪阶层乡村旅游市场、城市学生乡村旅游市场、以家庭出游的乡村旅游市场、离退休职工乡村旅游市场及入境游客乡村旅游市场；余娟（2008）认为都市郊区型乡村旅游客源市场主要是市里的居民和在都市中居住的境外人士，景区周边型乡村旅游客源市场主要是来自全国各地甚至海外的观光客；张波（2009）运用人口统计指标、行为指标和心理指标，从空间层面将乡村旅游客源市场分为一级市场——临近的中心城市、二级市场——中心城市周边地区和三级市场——机会市场，并提出乡村旅游细分市场之间存在差异性与重叠性；董正秀、周晓平（2010）以苏南地区为例，将乡村旅游客源细分为城市富裕家庭、中产家庭、城市学生和离退休人员。

此外，学者们还从产品、职业、年龄、学历等角度对乡村旅游客源市场进行细分，并分析各细分市场的特点，如熊元斌、邹蓉（2001）从乡村旅游产品的角度出发，将乡村旅游产品分为展现独特田园风光的乡村旅游产品、开展各种参与性农事活动的乡村旅游产品、以民居建筑旅游为主的乡村旅游产品，主要展现乡村特有的民风民俗和风土人情、土特产品的乡村旅游产品、高科技农业技术类乡村旅游产品及乡村度假旅游产品，并对这些产品对应的客源市场定位和目标市场选择进行分析。汪惠、王玉玲（2012）以安徽省西递、宏村为例，采用定性与定量相结合的方法研究乡村旅游市场，把乡村旅游市场细分为三类市场：乡村体验者市场、休闲放松市场和观光游览者市场。粟路军、王亮（2007）进一步对长沙市周边乡村旅游市场进行相关分析，得出年龄方面的分异主要体现在出游方式与总体评价上；在职业方面的分异主要体现在出游方式、出游频次、旅游花费上；其他因素之间呈现显著特征主要体现在住宿与停留时间、出游时间与交通工具、出游时间与信息渠道、总体评价与停留天数上。宋玲、吴国清、丁水英、谷艳艳（2009）通过对上海市城市居民的调查与分析，得出女性的出游热情高于男性；年轻人群及中低学历人群回归自然动机强，中年人及高学历人群倾向于农家乐，老年人更倾向于享受和舒适；18岁以下的人群对住农家屋、参加农事活动偏好高于中老年人；55岁以上的人群更偏爱观赏田园风光等静态活动；35～55岁人群及高学历人群多采用自驾车方式出游，更重视交通条件，旅游资源的优劣也是影响其出游决策的重要因素。胡萍（2011）根据职业分类，对教师、大学生、公务员和企事业人员四大黑龙江省乡村旅游客源市场参加乡村旅游的类型、旅游目的、出行和停留时间、信息来源、出行和旅游方式等行为进行分析。刘亚洲（2011）以南京农业大学在校本科生为研究对象，分别就旅游认知、旅游偏好、参与意愿、参与动机、出游方式等问题进行调查和分析，得出大学生乡村旅游参与意愿较强，但实际参与度较低，学生参与乡村旅游的主要目的为放松身心、欣赏乡村自然风景和民俗，对农村风俗文化、农村观光、采摘园、养殖垂钓和畜牧观光等观赏、参与性较强的项目上比较感兴趣。多以班级、社团等集体出游为主，并且在交通工具的选择上更希望采用包车方式出游。

#### （四）乡村旅游客源市场定位研究

关于乡村旅游客源市场定位研究的国内学者少，近三年才有。赵昕、张灿（2011）在对环京津乡村旅游的客源市场进行细分和定位的基础上，从区域、年龄、产品等层面确立乡村特色旅游资源的市场定位策略。

### 二、乡村旅游客源市场分析

乡村旅游规划中乡村旅游客源市场的分析主要包括以下两个方面。一方面，对乡村旅游客源市场宏观环境分析，对国内外乡村旅游客源市场的基本情况和外部大环境进行分析，包括游客接待量、近年增长度、政府的相关政策等。另一方面，对乡村旅游客源市场现状分析，对规划地乡村旅游客源市场（潜在市场）的基本情况进行调查与分析，主要对乡村旅游者的消费行为、消费心理及基本信息等方面进行调查。

（一）国际乡村旅游客源市场的宏观环境分析

国际乡村旅游起步早，经历了19世纪工业时期的萌芽阶段，20世纪30～80年代初的全面发展阶段及20世纪80年代中后期至今的成熟阶段。目前，法国有16万个农庄推出了乡村旅游活动，并有33%的居民选择到乡村度假，全国每年接待的国内外游客约200万人次，乡村旅游收入旅游总收入的1/4。在意大利，全国20个行政大区已开展乡村旅游，约有750个可供住宿的农庄，仅托斯卡纳大区每年接待的国内外游客就在20万人次以上，各个农场除开展游客自采瓜果蔬菜的旅游项目之外，还推出垂钓、绿色食品展、乡村音乐会等特色旅游项目。国际乡村旅游产品也脱离了传统的村观光，乡村度假和个性化旅游成为主要的高层次的旅游需求。为促进乡村游的健康发展，美国政府还制定出专门的管理法规，对观光农场提出严格的软硬件标准要求。

（二）国内乡村旅游客源市场的宏观环境分析

中国乡村旅游一直到20世纪50年代才萌芽，20世纪80年代开始发展，1998年国家旅游局推出“98华夏城乡游”后得到较快的发展，近几年的发展速度非常快。根据中国乡村旅游网的资料，2020年全镇实现产值19.6亿元，旅游业收入超过2.26亿元，占总产值的11.5%；2020年接待游客103.67万人次，居民旅游人均收入6457元；2021年“五一”假期，游客旅游热情高涨，从出游特点看，热门景区仍是游客关注的重点，一日游、周边游、短途自驾乡村游成为主流，生态游、文博游、乡村游、红色游等产品受到更多游客青睐，在更广、更深维度上拉动了文旅消费。假日期间，青海省接待游客246.8万人次，与2020年同比增长101.8%；旅游收入11.64亿元，与2020年同比增长153%。按照同期可比较口径计算，分别达到2019年接待水平的140%和92.5%，其中省外游客近百万，外地自驾车约6.8万辆，占游客总量的38%。[①] 虽然目前国内还没有乡村旅游客源市场的全国性的统计数据，只有不同省、县、市和乡村旅游点的数据，但从相关的数据可以看出，中国乡村旅游正处于快速发展的阶段。

① 中国乡村旅游网 http://www.crttrip.com/。

针对当前我国旅游改革发展中存在的困难和问题，国务院2015年1月21日印发了《关于促进旅游业改革发展的若干意见》（简称《意见》），《意见》提出了针对性政策措施。进一步推进乡村旅游发展和社会主义新农村建设的结合。合理利用民族村寨、古村古镇，建设批集居住、观光、购物、娱乐等功能为一体的特色旅游村镇，打造一批乡村游示范村。规范提升以"农家乐"为代表的传统乡村旅游产品，大力促进休闲农庄、养老基地、有机农庄、葡萄酒庄园、乡村俱乐部等新型乡村旅游产品展，建成一批乡村旅游示范村项目。此外，各级地方政府也出台了相应的扶持政策。近几年，地方政府通过乡村旅游经营单位的评定提供财政资金奖励的幅度加大。

总体上，中国乡村旅游正处于一个政府积极扶持、民众积极参与的快速发展阶段。在掌握乡村旅游发展的宏观大环境外，乡村旅游规划还应了解乡村旅游者的消费行为、消费心理、旅游者的基本信息、旅游者的潜在需求等现状特征。

## 第四节 乡村旅游生态环境的保护措施

### 一、容量控制规划

合理布局乡村旅游功能区，依据生态敏感程度与乡村文化保护级别，科学划定乡村旅游容量，实施旅游村镇总量控制。

生态高敏感区主要包括渝东北区县（属于秦巴生物多样性国家重点生态功能区，限制开发区）、渝东南区县（属于武陵生物多样性与水土保持国家重点生态功能区，限制开发区）、三峡库区（重庆段）消落带区以及各级自然保护区周边区域，这些区域生态系统服务价值功能较高，属于重点保护对象。生态较敏感主要包括三江（长江、嘉陵江和乌江）次级河流流域，以及交通（公路、铁路）沿线和坡度5° 的坡地区域，这些多属于自然灾害频发地区和水土流失较严重地区，属一般保护对象。上述地区旅游村镇开发前，需进行严格的环境影响评价工作，依据本地生态环境状况，结合旅游村镇基础设施容量，科学划定乡村旅游自然环境容量，严格控制旅游开发强度，实施生态恢复和保护工程。

现代生态农业发展区域多在地形平坦地区，开展乡村旅游应寻求旅游容量动态平衡，保证旅游用地数量与质量动态平衡。

历史文化名镇、中国传统村落和各级非物质化遗产属于乡村旅游重点保护对象，需根据旅游村镇的旅游接待能力、生活活动容量以及风俗文化容量综合评价，制定乡村文化旅游容量。

## 二、人居环境保护规划

### （一）大气环境

加大旅游村镇大气环境监管力度。对旅游村镇边污染企业、矿产开采场，严格实行关、停、迁措施。乡村旅游项目施工，应采取扬尘防治措施。依据山地地形，合理布局村镇旅游功能区，科学安排村镇垃圾回收场所，保证村镇水域无异味。严格监督农家乐饭店的厨房油烟排放，减少油烟污染。加强农村卫生厕所改造，定期处理粪便异味源头；坚持畜禽养殖与居室分离建设，防止畜禽舍臭影响。加强旅游村镇车辆尾气的监测，禁止排放不达标车辆进入旅游景区，旅游村镇推进清洁能源交通车的使用，倡导绿色观光，推行步行、自行车旅游交通形式。大力推进农村大气工程，积极发展太阳能、风能等新型清洁能源和可再生能源，实行集中供气、供暖，避免大气污染物直接排入大气。大气环境目标为乡村旅游区内环境空气质量达到国家一级标准，建制镇和其他农村地区达到二级标准。

### （二）水环境

推进乌江重庆段断面水质污染治理，加强对河流沿线旅游村镇附近的工矿企业的管理，严禁将工、矿业废水直接排放或未达标排，建设工矿企业污水处理设施，实行污水处理达标后排放。推进嘉陵江、长江流域次级河流流域综合整治，对沿河旅游村镇进行水质监测，全面实施三峡库区“水华”爆发敏感预警和应急监测方案。加强乡村集中式饮用水源地保护，完成旅游村镇饮用水源保护区的规划，保护区范围内禁止开展影响水源水质的旅游活动，确保饮用水源保护区内无污染源。鼓励乡村旅游企业采用小型污水处理设施，加大旅游村镇改水改气，加强对旅游村镇生活水的回收利用。继续推进大气建设，没有污水收集或管网不

健全的乡村，可使用生活污水净化沼气池进行处理。地表水防治目标重庆乡村地区饮用水源地的地表水达到国家Ⅱ类水质标准，非饮用水源地的水库地表水达到国家类水质标准，区内水塘的地表水达到国家类水质标准。

（三）声环境

旅游村镇施工区，应合理安排施工时段，缩短工时，通过建立临时声障等措施，减小施工对景区环境的影响。严格控制旅游村道路交通噪声，村镇道路两侧禁止鸣笛，通过设置隔离声障，提高道路两侧吸声降噪效果，严格控制乡村旅游活动产生的噪声污染，减少旅游服务区娱乐设施的使用频率，噪声污染的防治目标为：风景游览区声环境执行标准为 55/45（昼 / 夜分贝）；建制镇声环境执行标准为 60/50（昼 / 夜分贝）；其他农村地区声环境执行标准为 55/45（昼 / 夜分贝）。

（四）固体废物处理

鼓励乡村旅游企业采用垃圾处理设施，加大旅游村镇生活垃圾和畜禽养殖污染防治力度，旅游村镇严格执行“户分类、村收集、镇转运、县市处置”的垃圾收集运输处理模式，村镇生活垃圾宜采用有机垃圾和无机垃圾简单类方式收集，有机垃圾进入沼气池或堆肥利用；无机垃圾进入村镇垃圾处理系统三峡库区（重庆段）消落带区开展乡村旅游活动，应严格执行《长江三峡水库库底固体废清理技术规范》，减少旅游活动产生的固体废物，开展库区清漂工作，减少乡村旅游活动生的固体废物对三峡库区生态环境的影响固体废物处理防治目标：近期固体废物处理为 70%，远期为 100%；生活垃圾无害化处理率为 100%。

## 三、耕地保护规划

（一）基本农田保护

乡村旅游开发建设过程中要对基本农田进行严格保护，禁止开发占用基本农田用地。

### （二）一般农田保护

根据乡村旅游开发需要，经充分论证和相关讨论后，可对一般农作物、经济作物用地、林地、草地进行流转。

## 四、乡村文化保护规划

### （一）遗产保护

#### 1. 自然遗产保护

对自然遗产要严格按照相关控制性要求，不得进行有损于自然遗产结构和风貌以及可能带来次生灾害的建设活动。

#### 2. 文化遗产保护

充分挖掘历史文化遗产的内涵，提取文化符号与形象要素，采取多种形式促进文化遗产的传承。

图 6-1　四川丹巴甲居藏寨碉楼图片

（二）古镇村落与乡村建筑风貌保护规划

1. 特色古镇与村落保护规划

在古镇、村落开发中，坚持“原址保护，修旧如旧，建新如故”的修增原则。对于已入选国家级历史文化名镇、中国特色景观旅游名镇的西沱镇、涞滩镇、双江镇、中山镇等20个多乡镇和已入选中国传统村落、中国特色景名村名录的涪陵大顺乡大顺村、酉阳县西水河镇河湾村等予以重点保护。建立完善的古镇村落保护体系，做到开发与保护同步，在保护的前提下进行开发，提取其具有历史文化意义的特色文化要素，积极寻求特色古镇、村落与乡村旅游的进一步整合。

2. 特色乡村建筑风貌规划

（1）景观风分区控制

①风貌控制分区。重庆乡村旅游风貌划分为四个风貌区：主城近郊风貌区、渝西平行岭谷风貌区、渝东北长江三峡风貌区、渝东南武陵山民族风貌区。

②风貌总体要求：a. 主城近郊风貌区，多种风格包容并秀；b. 渝西平行岭谷风貌区，川渝协调共生；c. 渝东北长江三峡风貌区，力求原生态；d. 渝东南武陵山民族风貌区，突出土家族、苗族等民族民俗特色。

图 6-2　水墨江南苏州山塘街

图 6-3 日落云彩朱家角古镇拱桥

图 6-4 甲居藏寨的传统民居

（2）建筑形式与元素控制

①总体要求：突出川东民居的特色建筑元素按照建筑风貌的控制要求，分别在不同的风貌区，灵活采用全吊脚与半吊脚的建筑形式，在重庆各类文化遗产中提取新型建筑要素，发展特色建筑形式，建筑风貌主要采取传统建筑风貌、传统建筑改良风貌、巴渝民居建筑及改良建筑

风貌、现代简约建筑风貌、新中式建筑风貌、仿生建筑风貌等。

②建筑材料：尽量就地取材，突出地方风，形成区域间的合理差异，不能片面强调规范统一，不能盲目套用现代建筑材料。

③建筑色彩：以巴渝传统民居色彩为主体。

## 第五节　乡村旅游规划设计实践

### 一、梯田形乡村旅游规划案例分析

对于稻作农耕文明而言，梯田是重要的历史产物，是人类长期发展和生存的重要智慧结晶。梯田在农业上有着较久远的历史，在旅游文化上功能的体现是在20世纪90年代后才慢慢发展的。梯田有着一定观赏性和一定规模，在旅游开发上具有一定机制。在人们对梯田的文化内涵的认识越来越深刻后，其本身所具有的旅游价值也开始被人们慢慢重视，对其研究的热情越来越高涨，对于学术研究而言，梯田旅游是一个全新的领域。

（一）规划区域概况

联合梯田（以下简称“项目地”）位于尤溪联合乡西部，涉及的行政村有8个，总面积10707亩，被称之为“福建省最美梯田”，也是重要的农业文化遗产，在全国被评为五大魅力梯田之一，也是海西之美的十佳景点。在唐开元时期，人们就已经开始了对梯田的开垦，一千多年的劳作和文化上的积累，使梯田已经具有独特的文化，即“竹林—村—梯田—水流”山地农业水利灌溉系统，同时其农耕文化也是独一无二的。联合梯田本身有着较大的规模、很强的气势、千变万化，随着时间的推进其景观也在不断变化。梯田在村落中存在着，有着强烈的乡土气息。梯田旅游资源与该区域中的其他旅游资源也是互补的，如竹林、金鸡山、伏虎岩、联合花、梯田人家、乡村山歌、民间音乐等，有利于梯田在旅游上的开发。

（二）战略定位

梯田旅游资源上的主要依托就是梯田、竹林、村庄、溪流、云海等，开发主体就是梯田旅游资源，并带动其他特色农业发展，如花生、蔬菜、茶叶、渔牧等。在福建省内，合理利用联合梯田，打造综合性的生态农业旅游地，包括观赏、休闲、度假、避暑、文化体验等，对于海峡西岸而言，也是重要的可以进行旅游休闲的好场所。

（三）旅游产品设计

对于梯田的四季景观而言，要利用联合梯田在不同季节上的不同特点，拓展原本的“水稻＋油菜花”的农业种植模式，变为“油菜花＋紫云英＋水稻＋银杏＋映山红”，其在色调上也可以调整，包括紫色、绿色、红色等，同时其周围还有一定的竹林景观作为其辅助，不同的景观植物在梯田的衬托和自然配置下形成了旅游产品，具有一定特色，在四季里色彩也是不同的。

图 6-5 云南元阳梯田航拍鸟瞰图

对于休闲体验活动的设计，要对资源进行合理利用，如梯田、竹林、村庄、菜地、鱼塘、茶山等，开展相关的旅游活动，开发旅游产品，如瓜果尝鲜游、鱼塘垂钓游、避暑度假游、高山健身游、森林探险游、漂流刺激游等，对相关的旅游项目进行设计上的创新，如土猪和土鸡认领、花圃、

果树种植、人力踩水、推石磨、犁地、施肥等。

对于梯田文化的项目设计，可以用梯田文化的展示馆向游客展示劳动人民几千年前在荒凉山坡的开垦结果，在那时因为生产条件的欠缺，导致开垦困难重重，让游客在游玩时感受其中的民族精神内涵；向游客介绍梯田所具有的好处，包括保水、保土和保肥等，甚至可以进行一定的实验来让游客了解梯田的优势，保证游客的旅游体验是深刻和直观的；在修筑梯田的过程中，推广依地势而修的特点中所存在的“道法自然”的科学精神，使游客游玩时也有精神上的感悟和收获。

### （四）配套设施规划

对于联合梯田而言，需要从农业向着休闲农业不断地发展和变化，要进行相关设施上的不断完善，保证旅游服务质量进一步提升。

#### 1. 住宿设施规划

联合梯田现有的住宿设施比较少，可以容纳的人数大约为 80 人，其中包括连云村农家乐食宿点、云山村的尤溪县旅游局定点接待单位、东边村农家乐食宿点几个住宿点。对于游人在其规模上的测算，其在宾馆住宿的设施总量上，床位数为 160 张到 1200 张，需求量不等。

#### 2. 餐饮设施规划

就目前而言，联合梯田在餐饮设施上的数量和在住宿上的数量基本是保持一致的，也就是说，对于一个农家乐而言，不仅提供餐饮服务，也相应提供住宿服务。旅游餐饮布局的状态是无序的，餐饮产品比较单一，其中主要包括农家土菜（如土鸡）、野味、山野菜，对游客缺少一定吸引力。对自助式餐饮店和集中餐饮区进行设计，对于集中餐饮区而言，无论是其内部的装饰还是其建筑风貌，都要进行加强；对于自助式餐饮店而言，主要分析在空旷的地带，主要形式包括露营烧烤和生态自助。

#### 3. 旅游购物规划

联合梯田没有专门的旅游购物景点，商品的门类也比较单一。对于规划而言，主要是要将联合梯田购物网络进行三种级别的划分，包括购物街、购物点和便利店，要联合特色旅游商品，如花生、金橘、食用菌类、

珍珠笋干等，对其进行特色化包装和开发，保证向游客所展示的梯田农产品是具有魅力的。

4. 旅游娱乐规划

旅游娱乐项目暂时没有。规划时，主要包括对云山梯田度假村娱乐方面的打造，建立相关的娱乐场所，包括乡村茅屋酒吧、田园烧烤区、棋牌麻将室等；对于云山梯田度假村而言，可以建立一个民俗艺术馆和露天娱乐广场，开设人民艺术表演的展示场地。

5. 集镇规划

作为项目地旅游集镇所在的地点，联合乡镇中比较重要的就是游客集散中心。要加强对其建设规划，就要对其进行美化和绿化。一个综合型的服务集镇囊括了食、住、行、游、购、娱等多种功能。集镇需要对基础设施进行完善，包括卫生院、加油站、金融、地税、供电、土管、公安等服务单位，配套自来水厂、停车场、垃圾填埋场、餐饮娱乐中心、旅游超市、旅游公厕等。同时，利用招标引资等方式实现民间集资、政府投资和招商引资，挖掘旅游集镇在服务上的功能，改善集镇面貌，提升形象，开拓其旅游市场，促进其在乡镇上的带动作用的实现。

图 6-6　门源油菜花

## 二、溯源文化型乡村旅游规划案例分析

如果没有源头水,江河就不存在。一般情况下,江河的源头上都是涓涓细流,与江河比起来,面积是比较小的。但就是这样的江河源头,能穿过崇山峻岭,一路蜿蜒曲折,一路影响了很多人。

对于乡村的旅游规划而言,江河源头本身就是景区进行打造的亮点和精品,其文化对于江河文化而言也是具有共同追求和共同创造的重要文化,对于人们而言,饮水思源是其习惯,也是对源头文化的敬仰和崇拜。所以,对于乡村旅游景区而言,若其主题为江河源头,在进行进一步设计时,就需要对江河文化在源头上的内涵进行深入挖掘,充分利用水的灵动性,通过多种方式向游客展示,让游客如身临其境般感受江河源头文化的博大精深。

### (一)区域概况

闽江正源第一村(以下简称"项目地")位于福建省建宁县均口镇台田村,处于严峰山北麓矮茶山一带的实验区内,是福建亲河千里闽江主要源头,面积 149.30 公顷。因为其周围都是崇山峻岭,导致多年来这一区域被原始的植被覆盖,有着开阔的视野和恬静的环境。

闽江正源第一村所在地是建宁县南部,距离县城大约 25 千米,在这一区域内的交通相对便利,其中的交通主干线的省道有 2 条、县道有 1 条、乡道有 7 条。

### (二)规划目标

充分挖掘闽江正源的文化底蕴,保证闽江第一村和其周围的瀑布、九县石和田园风景进行结合,延伸其产业链,实现山上和山下的良好互动,形成相应的自然保护区,建设教育基地,将闽江正源第一村打造成国家 4A 级旅游景区。

### (三)战略定位

主题形象为"闽江正源第一村",形象宣传口号为"同饮一江清水 拜寻闽江正源",主体客源市场为闽江流域,为了突出溯源文化和体现乡

村休闲度假的特色，应发展生态旅游地的综合性，发展多个项目，如文化体验、乡村假、观光休闲、康体运动、商务会议、科普教育等。

（四）旅游项目规划

在景区的项目建设上，应严格遵守《中华人民共和国自然保护区条例》，杜绝破坏保护区的行为的出现。具体来看，景区在项目建设上可分为以下几类。

1. 溯源文化项目

根据溯源文化在其氛围上的营造来看，可以打造景区的主道，标准为一条不低于三级的公路，其名为“思源大道”。对于两边的道路而言，可以种植一些沙柳，其寓意为“思念闽江正源”。

在文化溯源上，可建设一个闽江母亲河文化广场，广场中要塑造母亲河的形象，通过图画的方式进行展示，在图画中，游客可以对闽江母亲河的伟大和无私进行体会和观赏。除此之外，还可以建设一个母亲河文化科普馆，主线就是“闽江母亲河”，同时利用多种技术和新的科技实现对闽江母亲河相关知识的展示。

2. 乡村休闲度假项目

为了突出乡村的休闲氛围，可以在地势较好的地方打造一个湖区，修建一个平坝，在湖中央种植荷花，在湖边建设水榭凉亭。对于这一湖区，我们可以将其命名为“闽江正源第一湖”。除此之外，九县石水茜溪沿岸比较平缓的地带，可以打造一个休闲度假山庄。通过植物造景，对其进行装饰，增强其观赏性，通过多个休闲项目实现旅游氛围的打造。

（五）配套设施规划

1. 道路交通规划

完善主干道，包括赤坑至台田、台田至张家山等，适当拓宽路面，使路面标准达到三级以上；对于各个景区而言，沿线景观进行绿化、亮化和美化；开设的公交线路，应该是直达项目地的，并解决自驾游旅游者和散客进景区难的问题。

2. 旅游住宿规划

就目前而言,其在项目地上是没有旅游住宿设施的。因为项目地距离县城大约为25千米,这就导致项目地目前没有相关的旅游住宿设施,很多游客会选择去建宁县住宿。建宁县有两家三星酒店,也就是花酒店、云深国际花园酒店,还有一家按照四星标准建设的酒店也就是建宁大饭店。在交通越来越便利的今天,外加市场的宣传,对于项目地的旅游发展,旅游住宿在其接待能力上不应该是主要的制约因素。所以,对于项目地而言,要对旅游服务接待能力进行适当提升,保证接待硬件的档次。

3. 旅游商品规划

有很多公司可以进行依托,如文鑫莲业有限公司、闽江正源绿田实业有限公司等,充分利用建宁县的农副产品和木竹产品等资源,提升和改造传统产品,在项目地进行食品上的开发,如笋干、红菇、猕猴桃汁等,制作其他旅游纪念品,保证开发扶贫优势品牌。

4. 旅游娱乐规划

休闲中心内部要开发娱乐设施,如咖啡厅、品茗轩、棋牌室、TV包间、健身房等;开发与挖掘具有当地特色的民间演艺事业,如宜黄戏、龙灯舞、马灯舞、花灯舞、宴堂乐等;开展一定的文艺演出,形成当地文化,丰富游客的夜生活;举办旅游节庆活动,加强对外宣传,吸引大众游客的参与度。

# 第七章　乡村旅游规划研究(二)

## 第一节　乡村旅游基本知识分析

### 一、旅游规划的传统理论

(一)城市形态规划理论

城乡规划被形容为整顿土地使用、调整建筑控制与通信通道规划的一种艺术与科学。斯卢特(Schlter,1899)[①]、索尔(Sae,1925)和康绎恩(Coen,1960)在城市形态研究方面有着极其卓越的贡献。其中,在《景观的形态》中,索尔认为形态的方法包括归纳、描述形态的结构元素,同时在动态发展中对新的结构元素有恰当的安排,可以说是一个综合的过程。城市形态的概念已经在城市地理、城市规划、建筑学等学科中得到高度重视,广义的城市形态研究主要包括两个方面,即社会形态研究、物质环境形态研究。此外,通过吉伯勒(1952)的观念可以得出,城乡规划与"政治"立场无关。规划本身是不具有政治性的,并且无关于政治承诺或是政治价值观,是知识纯粹的"技术性"行为。实际上,城镇规划之所以被称为物质空间形态规划,就是在强调规划的技术性,而与政治层面无关。

最初,城镇规划往往被认为是建筑设计的一种延展形式,用于处理在面积上远远大于建筑单体的城市广场或街道等。英国的建筑环境从业者反对成立一个独立的城镇规划专业,他们觉得城镇规划是他们工作

---

① 斯卢特:创立了同心圆理论。

的一种延伸，工程师、测量师被认为最有资格从事这个专业。

（二）系统规划理论和理性规划理论

到了20世纪六七十年代，尽管城市自身的复杂特性已经为人们所认识，但规划仍被视为一个纯粹的、理性的技术过程，其代表是20世纪60年代的系统规划理论和20世纪70年代的理性规划理论。系统规划理论深受自然科学的影响，将人类活动领地视为一个系统，同时将规划看作对系统的分析与控制，通过合理调控，促进预定目标的实现。理性规划理论强调采用具有客观性与科学性的方法以更好地明确规划对象，认为规划有助于最好结果的产生。为了充分发挥理性规划的作用，规划师应具有匠心精神，通过结合各种特殊的要求与方案，促成具有综合性的理性选择。对于英国甚至整个西方世界而言，理性规划的影响是巨大的，在理性规划理论的作用下，英国形成了当前的规划体制与技术。

随着时代的不断演进，理性规划在发挥自身作用的同时，受到了越来越多的质疑。较通常的质疑是认为规划师“见物不见人”。像贝斯纳尔·格林这些地区，规划师看到的只是一个贫民窟，因为其在外表上就是一个贫民窟。然而，从社会层面上来看，贝斯纳尔·格林并不是一个贫民区，而是一个组织严密的社区。可以看出，规划师显然对工作对象缺乏了解。

（三）西方马克思主义规划理论

西方马克思主义规划理论认为，虽然传统的观点认为技术在价值观方面具有透明性，在世界观方面具有中立性，天然地用理性思路提供一些完全不带有价值观的方法，但是规划等同于政策，在任何一个有较高民主程度的国家或地区，政策都是政治的主要构成部分。实际上，技术主义规划为政府与项目开发商提供了庇护，在很大程度上规避了因规划实施而造成的负面影响。从表面上看，技术性规划是带有理性的，而从深层次看，技术性规划潜藏着错综复杂的各方利益争斗。纯粹的社会理性无法决定规划目标的确定，纯技术同样如此。对于确定规划目标而言，并不能简单看待，它是一个较为复杂的政治性过程，民主社会的成员不会再把规划作为分离于政治过程的一个类别。规划人员在规划过程中试图实施并体现其价值观，事实上规划就是政治过程，在广义上，他们代表政治哲学，代表将理想生活的不同概念付诸实施的途径。规划

员不能再从“中立性”中得到庇护，实际上，只有自然科学领域的科学家才能通过“中立性”寻求庇护。

（四）中国旅游规划的传统理念与理论

1. 尊重传统的规划理念

根据我国几千年的历史发展，对于旅游规划，我国习惯于尊重历史传统与自然环境。比如，有“六朝古都”之称的南京，即从三国的吴国到南朝的陈国，这些国家将南京设为首都后，都不同程度地对南京进行规划建设，但总体而言，南京的变化却是不大的，只不过是以之前的南京为基础，将南京建设得更好。后来，初建的明朝也以南京为都城，朱元璋在修建陵墓时也未曾改迁孙权[①]的陵墓，尽可能地以当时的现状为基础进行调整。再到民国时期，孙中山先生在有需求与条件的情况下，也对朱元璋孝陵的存在保持极大的尊重。此外，隋代建筑家宇文恺在设计、建设大兴城时，在空间布局方面，对汉代长安城的存在保持了极大尊重，创造了新都与古都交相呼应的杰作。可见，这些人对城市进行规划的过程中，总是会受到中国传统思想与理念的影响，规划城市或建筑不仅符合当时需求，而且保留了原有历史传统。

2. 文化传统的规划理念

在编制有一定自身文化与开发历史的旅游规划时，当前的规划者多选择以前人的方案为基础来进行自己的规划设计。由于前人编制的旅游规划是经过岁月的沉淀的，因而具有一定的文化传统。在规划编制旅游区或风景名胜区的过程中，需要对前人的生平修养，原作的时代风格、建筑材料、建筑选址、建筑体量、空间布局、施工技艺等进行反复研究，“修旧如旧”这一公认的古建筑修复准则，就是崇尚化最简洁、明了的表达。古园林、古建筑的修复如此，进而向风景区规划引申，同样处处彰显中华文化传统的色彩。因而，对于那些具有悠久历史的风景区或旅游区来说，要编制规划就务必谨慎，必须彻底弄清楚过去的历史文化背景，才能基于文化传统的规划理念科学的编制规划。

---

① 孙权：字仲谋，吴郡富春县（今浙江省杭州市富阳区）人。三国时期孙吴的建立者（229—252 年在位）。

3. 布置和装饰设计理念

对于中国古代的旅游规划，大多重视通过文章、绘画、诗词等点缀景区这一传统。这一点从西汉的司马相如、汉代的张衡等人大篇幅描绘宫殿建筑可以看出，而摩崖题刻、诗律等普遍存在于当前国内的风景名胜区中，也可以看出对传统的重视。对于现代人而言，这些装饰与布置或许无足轻重，并且与规划的关联性很低，但从实际上看，这些装饰与布置的存在是十分必要的。因为不论什么人规划建设风景名胜区，都难以保证风景名胜的千年不变。通过装饰与布置的合理运用，对景区进行规划编制，能够在很大程度上保证景区本来面目的维系。

4. 整体规划理念

对于各种旅游规划而言，中国先民大多受到整体性思维的影响。神话时代，中国先民创造了一个个神话传统，如女娲补天、夸父追日等，这些都不同程度地蕴含了整体性思维。春秋战国时期，《列子》[①] 这部著作中也有杞人忧天的寓言，表明中国人早已具有生态危机感，或者可以说是忧患意识。当这种生态危机感在建设规划或旅游规划中得到反映后，具体表现为中国人总是会自然而然地将规划对象与整体环境相融合，而不是使规划对象呈孤立状态。中国先民在规划设计的过程中，不仅重视规划对象与空间的和谐统一，而且注重规划对象与所在空间的历史脉络的和谐统一，甚至要保证规划对象与所在空间的气象、天文等的和谐统一。

## 二、旅游规划的基本理论

### （一）资源学理论

1. 旅游资源学理论

旅游资源学虽然与旅游规划学有一定差异，但本质上是相通的。旅游规划者只有对旅游资源有充分的掌握，才能更好地认识并合理利用旅

---

① 《列子》又名《冲虚真经》，是战国早期列子、列子弟子以及其后学所著哲学著作，后被尊为《冲虚真经》，其学说被古人誉为常胜之道。

游资源,旅游资源学的旅游资源调查、评价以及保护的理论为旅游规划提供了最基本的理论。

旅游资源理论研究蕴藏着自然和人类智慧的形成机制,以满足旅游者求知的精神需求。对能够吸引旅游者的旅游资源特色与美学特征进行研究,有助于通过旅游规划对旅游资源的开发与利用进行方向上的指导。对旅游资源分类进行研究,有助于提高对旅游资源认识的系统性、全面性,从而提供合理利用旅游资源的理论依据。

根据旅游规划学的旅游资源理论,想要提高旅游业的经济效益,并获得高速发展,就要寻求对旅游者有较高吸引力,并且基于社会、经济、科技等方面的基础上能够使用的旅游资源,促进旅游资源的经济、社会与生态三大效益的均衡发展。在旅游资源效益功能发挥的过程中,旅游活动主体更加倾向于对经济效益的追求,但是如果旅游规划过于看重经济效益,而忽略生态环境效益与社会效益,长此以往,必定会导致旅游资源与旅游环境的破坏。对于旅游规划,想要促进旅游产业三大效益的均衡发展,就必须确保旅游资源的持续利用,在对旅游资源做出全面而科学的规划的同时,对旅游资源及其环境的后续开发与利用也给予重视。

2. 旅游生态学理论

旅游是一项经济产业,不可避免地涉及自然中的生态系统。生态学在旅游业中的运用,形成旅游生态学、景观生态学,对旅游规划具有重要理论指导意义。旅游生态学[①],有人也称之为生态学(cereation Ecology),它是随着旅游业的发展和旅游带来的一系列问题而逐渐被人们接受和认可的。旅游生态学是涵盖旅游学与生态学部分内容的,却又是与旅游学与生态学有一定差异的学科,是以生态学的基本原理与方法为基础,对人类旅游活动与其环境相互影响、相互作用的内在规律及其调控进行研究的生态学分支学科。旅游生态学研究的是旅游与生态之间更为具体、细致的内容,是研究旅游与生态相互作用的一个复杂的旅游生态系统。

具体而言,旅游生态学侧重于对人类旅游活动影响旅游区及其周边

---

① 旅游生态学是运用生态学的基本原理和方法,研究人类旅游活动过程与其环境相互作用、相互影响的内在规律及其调控的一门生态学分支学科。

环境与生物多样性，以及旅游环境影响游客的身心与行为的研究。与此同时，旅游生态学会对旅游资源的保护与开发，生态的规划、建设、管理以及可持续利用等方面的内容进行研究。

旅游生态学的重点研究对象是旅游主体与旅游客体之间相互作用的过程，以及以旅游主体与旅游客体为主要构成的旅游生态系统。其中，旅游主体包括游客、旅游开发者、旅游管理者、旅游经营者等；旅游客体包括社会经济环境、人文环境（如宗教、文化）、生态环境、人工设施环境、自然无机环境等；旅游活动过程包括游客的旅游过程、旅游地的开发建设过程、旅游经营管理的过程等。

在通过旅游规划确定旅游景点人均占有空间的过程中，需要以生态学的生态容量为主要依据之一。在具有较高吸引力、旅游流量高、旅游功能强的热点旅游地区，需要在不断推出新产品的同时，尽可能地扩大游客的人均占有空间，通过开辟新的旅游线路与旅游景点，提高游客容量，从而促进旅游生态效益的增强。

在旅游生态理论指导下的旅游规划，要有生态环境保护规划，划分出保护对象的空间范围，即划定保护区，进行有选择的旅游开发，包括市场选择、吸引环境保护型旅游者、注重旅游环境、保护旅游环境；选择高消费、高素质的旅游者，减少环境污染。要努力使规划的对象有一个运行良好的生态系统，这个生态系统能够向人们展示赏心悦目的景观，以获得愉悦的感受。旅游生态学要求旅游规划者注意景观视觉的保护，建筑与环境相和谐是景观视觉保护的根本目标。在进行旅游建筑规划设计时，需要吸纳有经验的建筑设计师和园林设计师参与，以确保旅游建筑达到和谐自然的景观要求。

景观生态学，实质就是综合自然地理学。地理学家认为，景观是一个独立的自然地理区，它含有地质、地貌、水文、气象、气候、土壤、生物（植物、动物）等七大要素，是一个复杂的综合体。在结合生态学思想进行旅游景观规划时，要深刻理解构成自然环境的结构、功能、场所三者相联系的过程，旅游景观规划的目标就是使三者在配置上达到最高程度地协调，即结构最佳、功能最佳和场所最吻合。

## （二）区域经济学理论

### 1. 区位理论

（1）区位与区位理论

区位指的是人类行为活动的空间，它是交通地理环境、经济地理环境、自然地理环境有机结合于空间地域的具体体现。区位理论是对地理空间影响各种经济活动分布与区位的说明探讨，它是对生产力空间组织进行研究的学说，其研究实质是产生的最佳布局问题，也就怎样通过提高布局的科学性、合理性来实现生产效率的提高。最初，区位理论大多应用于城市区域优势、经济区划、交通网络、城市体系、厂址选址、城乡土地利用等方面，会对投资者与使用者的区位选择造成影响。一般而言，在选择区位时，投资者与使用者会尽量选择低成本的区位，也就是在保证需求的基础上，尽量选择地租及其成本综合最低的地点。

安康旅游规划中结合区位理论，形成“11153”（一核一廊，一环五射，三片区）的空间发展格局。

一核：都市极核（中心城区一湖）。

一廊：千里汉江山水画廊。

一环：旅游公路黄金环线。

五射：五条放射发展轴，即岚半—镇坪、紫阳、汉阴—石泉—宁陕、旬阳—白河、平利。

三片区：汉水人文旅游片区、巴山休闲旅游片区、秦岭生态度假片区。

（2）区位理论的发展

区位理论思想起源于17—18世纪政治经济学对区位问题的研究。1826年，冯·杜能[①] 编撰了《孤立国同农业和国民经济的关系》[②] 这一巨著，系统性地提出了农业区位论，他将利润最大化作为目标函数，得出这样一个结论：在实现利润最大化的前提下，距离是农场生产的经营方

---

① 约翰·海因里希·冯·杜能（1783—1850），普鲁士的一位经济学家。他因在经济地理学及农业地理学方面的成就，而成为公认的这两方面的先驱。费尔南·布劳岱尔称其是19世纪除马克思外优秀的经济学家。杜能在前人理论的基础上，结合自己的实践，对许多的经济学问题进行了深入思考，其著述有《孤立国》。

② 《孤立国同农业和国民经济的关系》简称《孤立国》。该著作分为两卷，第一卷于1826年首次出版，第二卷于1850年首次出版。

式与品种选择的主要决定性因素。19世纪末，劳恩哈特提出了在资源供给和产品销售约束下，对工业运输成本最小化的厂商最优定位问题及其解决方法进行思索，他还将网络规划应用于公路、铁路运输最优化问题和工厂成本最小化定位问题。1909年，德国经济学家阿尔弗雷德·韦伯在其《论工业区位》一书首次系统地论述了工业区位理论[①]。他认为，运输成本和工资是决定工业区位的主要因素。之后，克里斯塔勒和廖什分别于1933年和1940年创立了"中心地学说"等，这一时期的区位理论叫作"静态区位论"，包括以一定的设想为基础，抽象、孤立分析对生产力造成影响的某个或某方面因素，并进行理论演绎，将贸易理论视为区位论的部分构成，在区域整体的视角下，对一般合情合理的区域经济结构进行研究。第二次世界大战结束后，一些学者基于区域整体，通过采用各种方法综合分析对生产布局造成影响的各种因素，建立能够在现实中得到应用的区位模型，并发展为动态区位论。20世纪70年代开始，为了更好地研究区位论，引入了行为科学方法，将心理、娱乐、出行、采购、居住等因素视为对区位决策造成影响的重要因素。截至目前，随着区位理论的不断发展，已经实现了三个阶段的过渡，即从古典区位论到近代区位论，再到现代区位论，同时从微观、静态分析向宏观、动态分析的方向发展，涉及的产业部门也逐渐从第一、第二产业过渡到第三产业。

（3）区位理论在旅游规划中的应用

根据空间区域范围，具体的旅游活动是区位理论在旅游规划中应用的主要体现，区域、旅游地、旅游点这三个旅游活动的层次与旅游规划中的区域旅游规划、旅游地规划、旅游点规划这三个层次相对应。但是，旅游规划的空间范围不论是一个区域、一个旅游地，还是一个旅游点，区位对旅游规划产生的作用的表现都是通过区位因子的，这些因子主要包括社会、经济、人力、市场、交通、资源、自然等。在进行旅游规划的过程中，应努力寻求整体优势与区位优势，因为区位的好与坏能够在很大程度上决定游客进入旅游地的便捷性，同时影响旅游地的游客容量与旅游市场的大小，继而影响游客的访问量，以及旅游经济效益的高低。想

① 工业区位理论是德国著名工业布局学者韦伯提出的一对概念。广布原料是广泛分布在各个地方的原料，如空气、水等。如果一个工业部门在生产中使用的主要是这种原料，那就应配置在消费区。这样既可以就地取得原料，又可以就地消费其产品，从而最大限度地节约运费。地方原料是指分布在某些地点的原料，它可以按耗用原料重量与制成品重量的相互关系，分成地方纯原料与地方失重原料两种。

要提高或发挥区位优势，旅游规划者在旅游规划的过程中应注重景点场所与旅游设施的选择，尽量提高游客的便捷性，让游客在旅游中缓解压力、放松心情，同时注意土地的有效利用与资源的有效保护，为旅游设施场所的选择与旅游产业布局提供保障。

区位理论对旅游发展战略的制定具有重要指导意义。区位条件的好坏直接影响旅游者旅游的方便程度、旅游市场规模和可进入性，从而决定了旅游开发建设的力度和旅游经济效益的大小。

（4）旅游中心地

区位理论在旅游规划中应用的首要问题就是如何界定旅游中心地，事实上，在一定的旅游区域范围内，旅游中心地是必然存在的。同时，这一旅游中心地在空间上会与周边旅游地之间存在信息服务、接待服务等关于旅游活动的联系，从而形成围绕旅游中心地的旅游地系统。受到地域规模的影响，不同的旅游地系统会有不同级别的旅游地中心、不同的市场范围以及不同的旅游中心地均衡布局模式。

在界定旅游中心地方面，可将一定的标准作为依据并进行判断，得出某一旅游中心地是否在该地区范围内。比如，某旅游地人均旅游收入在周边地区人均收入的占比较高；某旅游地推出的旅游服务或产品会被周边地区的大量客源市场所消费等。一般而言，旅游中心不仅有极为发达的交通，还会有内容丰富的旅游资源，因为这两个条件是成为旅游中心地的基本与必备条件。

旅游中心地的市场范围不是模糊的，是可以通过大致判断得出的。通常情况下，随着旅游地资源吸引力程度的不断提高，旅游地的影响范围会不断扩大。当然，旅游地影响范围不仅受到旅游资源的影响，还会受到旅游中心地市场范围与旅游产业配套服务设施不同程度的影响。总体而言，旅游中心地的市场范围是有上限与下限的，即使多么受欢迎的旅游中心地，其承受能力始终有一个界限。

旅游中心地的市场范围上限，即由旅游业的生态环境、旅游业的经济容量与社会容量、旅游资源的吸引力共同决定的接待游客数量与客源市场范围。需要指出的是，上限值应在上述变量中的最小值以内。

对于旅游中心地的市场范围下限，可以采用克里斯泰勒理论进行表述。在克里斯泰勒理论中，有“门槛值”这一概念，即提供一定服务或生产一定产品所必需的最小需求量。这一概念同样适用于旅游地的研究，也就是旅游地必须提供最小需求量的旅游服务与旅游产品。

之所以在旅游规划的过程中需要考虑关于旅游产品开发的需求“门槛”问题，是因为只有通过投入大量的人力、物力、财力才能进行旅游产品的开发与推广，当市场对旅游产品的需求较低，进而导致经济效益下滑时，旅游区是难以实现规模化经营的，并且旅游活动成本会有所增加。在旅游产品成本的影响下，人们对旅游的需求会逐渐降低，最终造成恶性循环。

受到旅游地市场范围的影响，旅游地中心会有不同的等级划分。一般而言，高级旅游中心地指的是提供的旅游服务能够通过吸引将市场范围提高相当程度的旅游地点，而低级的旅游中心地能够提供的旅游服务的市场范围较小，相比高级旅游中心地的吸引力较低。具体而言，高级旅游中心地提供的服务与产品具有质量好、品种全、功能多、档次高等特征，虽然价值相对较高，但也是在大多数人可承受的范围内，而低级的旅游中心恰恰相反，所提供的服务与产品在质量、品种、功能、档次等方面都与高级旅游中心地有一定差距，但胜在价格低廉。

高级旅游中心地与低级旅游中心地的服务是有差距的，同时由于不同的旅游中心地有不同的市场范围，就出现了一个地域范围可能有多个旅游中心地的问题，即旅游中心地的布局问题。怎样通过合理布局促进区域旅游在各个旅游中心地的协调配合下获得持续发展，是布局模式研究的重要课题之一。20 世纪 30 年代，克里斯塔勒[①]曾提出中心地理论[②]，他认为，如果一个地区的市场作用明显，对于中心地的分布应以便于物质上的销售与服务为基本原则，也就是促进合理市场区域的形成。一般而言，通过市场最优原则的中心地分布，高级中心地提供服务的能力是低级中心地的三倍。

根据国内的相关实践研究，这种布局模式同样适用于区域旅游市场。在区域旅游中心地体系中，任何一个高级中心地都可以适当包含一个或几个低级、中级的中心地。

① 克里斯塔勒（Christaller, Walter, 1893—1969），德国经济地理学家。生于贝尔内克，卒于哥尼斯坦因。曾在埃尔朗根大学执教。

② 中心地理论是由德国城市地理学家克里斯塔勒和德国经济学家廖什分别于 1933 年和 1940 年提出的，20 世纪 50 年代起开始流行于英语国家，之后传播到其他国家，被认为是 20 世纪人文地理学最重要的贡献之一，它是研究城市群和城市化的基础理论之一，也是西方马克思主义地理学的建立基础之一。

2. 点轴发展理论

（1）点轴发展理论分析

点轴发展理论最初是由马利士与萨伦巴这两位波兰经济学家提出的。点轴开发模式是增长极理论的一个延伸，根据区域经济的发展过程，经济中心大多会出现在条件优越的区位，并以斑点状逐渐分布扩散。这一经济中心可称为区域长极，也是点轴开发模式的“点”。在经济发展的驱动下，经济中心越来越多，点与点之间由于生产要素交换需要交通线路、水源供应线、动力供应线等，相互连接后就是轴线。这种轴线主要服务于区域增长极，但当轴线形成后，会对产业、人口产生引力，通过将产业、人口向轴线两侧吸引，产生新的增长点。当点轴贯通后，点轴系统就形成了。因此，对于点轴开发，可以视为从发达区域的各个经济中心（点）沿着交通线路，逐步发展推移到新的发达区域。

依据点轴发展理论，点轴经济发展中心是各级中心，也就是各级中心城镇[①]，各级区域经济与资源在此聚集，信息是带动各级区域经济发展的中心地；“轴”是在一定方向上具有联结若干不同级别的中心城镇形成的相对密集的人口和产业带，称作“发展轴线”或“开发轴线”。发展轴有海岸发展轴、河岸发展轴、铁路干线发展轴、公路干线发展轴以及复合型发展轴等。点轴系统理论认为，社会经济客体在空间中遵循从点到轴渐进式扩散，扩散源沿着若干扩散通道（线状基设施束），渐次扩散社会经济流，在距“点”中心不同距离的位置形成强弱不同的新经济聚集，由于经济扩散力随“点”中心距离延伸而衰减，新经济聚集的规模也随距离的增加而变小。相邻“点”中心扩散源扩散的结果，使扩散通道相互连结成为经济发展轴，随着社会经济的进一步发展，经济发展轴线进一步延伸，新的规模较小的经济聚集点又不断地形成。

（2）在旅游规划中的应用

对于点轴发展模式，在旅游产业规划布局中有较高的适用性。在旅游产业发展的过程中，如果“点”是重点旅游地或旅游中心城市，那么“轴”就是重点旅游地或旅游中心城市之间的联结通道。随着重点旅游地与旅游中心城市的不断发展，点与点之间通过旅游通道得以连接。

---

① 中心城镇具有较好区位优势、较强经济实力、较好基础设施、较大发展潜力、对周边地区具有一定辐射力的区域重点镇。

同时，在旅游通道的带动下，次一级旅游城市、旅游地、旅游点等得到发展，实现以点带面的旅游发展。因此，在对旅游产业进行规划布局的过程中，可将点轴发展模式作为基础，在旅游空间发展规律中获得最好的规划布局方案。

学者汪德根、陆林等曾描述了“二点轴系统”向“板块旅游”模式演进的过程：一般以板块内的旅游中心城市和景区（点）为两“点”，点之间的交通线等“基础设施束”为“轴”，利用旅游交通线将各级旅游地系统空间网络化，此时就形成了旅游地系统。通过旅游交通的延伸，将各级旅游地系统的联系有效打通，加强它们之间的横向联系，将相互独立的各级旅游地系统组合成旅游板块，形成多点辐射和多个城市为旅游中心的“点—轴—面”相结合的旅游空间结构体系。陈患秀在其硕士论文中指出，各区域旅游布局在由内向外扩展的圈层中，形成“市场—资源”共轭性的旅游地体系，通过结构效应，实现区域板块的联动。板块旅游的区域合作体制能够达成旅游吸引力的“规模效应”，满足游客在旅游成本降低的情况下获取相同数量和质量的旅行经历和体验的旅行效益最大化需求。

点轴发展理论在很大程度上解释了与旅游区域空间结构与形态变化相关的内容，反映了社会经济空间组织的客观规律，它是区域开发在理论上的重要基础与前提，对于区域旅游开发同样具有极高的理论价值，并且有助于现实指导。

### 3. 集聚经济理论

（1）理论

根据集聚经济理论，当产业在地理上发展有效集中程度时，能够获得集聚经济效益。在社会经济发展的过程中，生产方面或分配方面有着较为密切的联系，通过将指向相同的产业以合理的比例布局在特定的区域中，随着这一区域优势的提高，有助于区域生产系统的形成。在区域生产系统内，由于企业与企业之间具有较高的关联性，通过相互作用，各个企业的外部发展环境都会得到不同程度的改变，并因此获得更好的发展。此外，整个系统的总体功能会远远超过各个企业功能之和，超出的部分是因企业聚集产生的利好导致的，最终会形成“集聚经济效益”。

（2）集聚经济效益

集聚经济效益可分为两大部分：一是生产或技术集聚效益，二是社会集聚效益。生产或技术集聚效益能够使企业之间加强团结协作，或是使产业的生产规模得到扩张，最终形成集聚经济效益。社会集聚效益能够使企业共同使用公共设施、专门设施、市场，通过生产成本的降低，促进集聚经济效益的实现。因此，从宏观来看，不论区域的大小，只有组成联系紧密、结构合理、规模适当的集聚体，才能获得更高的集聚经济效益；从微观上看，不论区域的规模如何，在其主要产业中总会自然、规律的发生集聚现象，并且聚集程度会越来越高，很难出现向各地分散的情况。

集聚经济效益同样存在于旅游产业发展的过程中，主要体现在旅游企业之间的集聚、旅游业与相关产业之间的集聚。在一定的区域内，有关旅游服务的企业会集聚于旅游业，通过相互依存、相互补充、相互促进，最终形成旅游集聚规模经济。在相同的区域内，关于旅游的各个企业使用相同的旅游市场、旅游基础设施，随后形成旅游经济的集聚效益。此外，各个旅游企业会成为区域整体旅游形象的重要组成部分，会大大增加区域整体旅游对游客的吸引力，扩大旅游市场的同时，经济效益会有显著提升。在相同的区域内，随着旅游业与其相关产业集聚程度的不断提高，相关产业会为旅游业投入大量的资金、人才、原材料、设施、设备，并在旅游经济集聚的带动下实现自身发展。

（3）集聚经济理论与旅游规划

在空间上对区域旅游规划进行布局的过程中，可通过对集聚经济理论与原理的运用，提高旅游产业布局的合理性，形成联动互动的行业与产业群，从而促进集聚经济效益的不断提高。同时，共享基础设施，如多个旅游地与旅游点共同使用一条交通线路，不仅能够降低一定的成本，而且能够提高有效利用程度与游客容量，最终获得更高的经济效益。对于游客而言，在集聚经济效益的作用下，他们能够对旅游目的地有更多满足自身意愿的选择，同时大大减少在路途中耗费的时间；对于旅游目的地而言，集聚经济效益能够将相对集中的客源逐一分化，以降低游客对某一目的地资源造成的压力，并减小目的地受到的破坏。

对于一些著名的旅游区，虽然自身资源的价值较高，但可能受到游玩时间短、面积少、个体小等因素的影响，对游客的吸引力不高。这时就要联合周边旅游地或旅游点，通过共同的开发建设，提高整体性，以提

高对游客的吸引力，最终形成集聚经济效益。一般而言，旅游集中发展的地区不仅能够提供多种旅游服务，还能提供较多游览、观光、娱乐的地点，并且土地利用率较高，土地的价值能够充分发挥出来。总之，旅游产业聚集布局产生的效益主要表现在以下五个方面。

第一，旅游产业集中布局，会提高吸引物的多样性，游客会因此有更长的滞留时间，进而提高旅游服务部分的经济效益。同时，能够提高区域旅游经济增长的稳定性，并且有助于大型或综合性旅游产业的形成。

第二，旅游产业集中布局，可以提高基础设施的有效使用程度，达到降低成本的目的。随着旅游业的不断深化发展与国民经济的不断提高，旅游市场规模越来越大，关于旅游的项目、商铺等能够更好地生存并发展。根据实际情况，在消费者充足的前提下，宾馆、饭店等相邻布局更易于形成市场规模营销优势。

第三，旅游产业集中布局，能够提高旅游业相关设施的规整性，不仅在一定程度上保证了自然景观的自然性不受到干扰，而且有助于形成主体形象，能够更好地在促销活动中获得规模效应。

第四，旅游产业集中布局，便于对污染物进行集中处理，使旅游环境得到更好的保护，免遭因意外情况造成的破坏。

第五，旅游产业集中布局，在使用旅游基础设施的过程中，不仅方便了游客，而且让当地人从中受益。当地人在使用基础设施的同时，能够提高与游客交流的便捷性，通过相互之间的交流，游客能够加深对当地文化的认识，受到更多的吸引。

需要指出的是，事物的发展是需要通过不断实践的，在对旅游进行具体规划的过程中，采取中心布局或是分散布局，都需要以旅游承载力为前提与基础，并充分考虑社会承载力、自然资源承载力、管理承载力等。当旅游产业集中时，虽然会产生集聚经济效益，促进旅游业的发展，但也会因“集聚”导致交通拥挤、供水不足、供电不足、土地价值上涨、环境污染加剧等各种问题的发生。因此，需要提前对旅游产业进行合理规划与布局，以最大限度地避免各种消极实践的涌现，在获取集聚经济效益的同时，为当地旅游环境建设出一份力。

# 第二节 乡村旅游规划的创新路径

## 一、乡村休闲产业模式创新

20 世纪中后期,很多发达国家的乡村旅游进入了观光休闲发展阶段,实现了旅游业与农业的结合,催生出全新的产业。在这一阶段中,对庄园、农场等进行了规划建设,设立的休闲项目包括漂流、登山、滑翔、骑马、徒步旅行、参加农事等,还开办了各种形式的培训班、自然学习班、务农学校等,真正意义上实现了现代乡村旅游的开发与建设。从此,乡村旅游在单纯郊游的基础上,增加了越来越多的休闲娱乐活动。

乡村旅游不再局限于田园风光的欣赏,观光休闲农业园逐渐取代传统的乡村旅游模式。乡村旅游在观光的基础上,加入了购、食、游、住等多种经营形式,随之出现了从事乡村旅游的专业人员。此外,乡村旅游不再是农业与旅游业的简单相加,已经从二者之间彻底独立,同时找到了农村与旅游业的交汇点,使二者在相互结合中共同发展,这是乡村旅游新型产业产生的重要标志。

20 世纪 80 年代,随着人们对休闲度假旅游需求的不断提高,观光农业园衍生出来的功能越来越多。比如,环保、教育、体验、度假、休闲等。乡村旅游的功能实现了对“生产、生活、生态”的贯穿,具有生产、生活、生态的多功能市民农园、教育农园、度假农庄、休闲农场等随之出现。20 世纪 90 年代,乡村文化旅游逐渐兴起,并成为乡村旅游的主要内涵。后来,乡村文化旅游相继推出,包括节庆活动、农舍建筑、农耕文化、民族文化、民俗风情等,乡村旅游的文化品位与文化层次得到极大加强。比如,新西兰的“花园花展旅游”“牧之旅”、德国的“市民农园”“度假农庄”、韩国的“周末农场”“观光农园”、日本的“都市农场”等。

下面讲述我国台湾地区休闲农业的发展。1965 年,我国台湾的第一家观光农园成立,标志着台湾休闲农业进入了萌芽阶段。20 世纪 80 年代初,台北市政府推行“观光茶园”计划,表明政府已经重视休闲农业的发展,并做出相应的宏观指导。20 世纪 80 年代末,我国台湾开始推行“农业 + 旅游业”性质的休闲农业。经过数年的发展,我国台湾休

闲观光农业完善程度越来越高，呈现多元化发展趋势，主要包括教育农园、市民农园、休闲农场、休闲牧场、观光农园、农家民宿、乡村花园等多种类型。1999 年 4 月 30 日，《休闲农业辅导管理办法》经修正后出台，此后，各级管理部门开始了相关政策的拟定工作，并确定了配套措施，将休闲农业纳入财政预算范畴。2001—2004 年，我国台湾大力推动“一乡一农园区”计划，使得休闲农业得到迅速发展。

根据相关调查得出，截至 1999 年，我国台湾地区只有 35 个休闲农场，1999 年以后，新设休闲农场多达 584 个。根据我国台湾休闲农业学会的相关调查结果，2004 年年底，台湾休闲农场已有 1102 个。而到了 2006 年，休闲农场数量发展到了 2500 余个。当前，我国台湾休闲农场数量已经远远超过 3000 个。此外，2009 年 2 月，台湾的合法民宿多达 2629 个。

经过几十年来的发展，我国台湾休闲农业呈现出多元化的发展趋势，主要包括教育农园、休闲渔业、休闲林场、休闲牧场、休闲农场、乡村民宿等多种类型。较为著名的有很多，比如南投县埔里镇的台一教育休闲农场、台南市股乡溪南村的溪南春休闲度假渔村、南投县仁爱乡的清境农场、南投县仁爱乡的清境小瑞士花园、台中大坑风景区的新社庄园、宜兰大元山的山麓农场园区的香格里拉休闲农场、苗县通霄镇南和里的飞牛牧场、台南新化镇的大坑休闲农场等。

在发展休闲农业的过程中，我国台湾地区政府主要采取了以下措施。

（1）政府确立法律法规，在宏观上保证休闲农业的平稳、持续发展。20 世纪 80 年代，为了确保休闲农业得到平稳、持续发展，台湾有关部门修订了一系列关于休闲农业的法律法规。20 世纪 90 年代起，“农委会”颁布了《休闲农业区设置管理法》，其后经过 10 余次修改。同时，“观光局”推行检查凭证许可，开创开办关于休闲农业的验证许可制度。2001 年，“国民旅游卡”消费政策出台，并支持、鼓励政府公务活动在休闲观光农业点举行。同时，将公务员的休假制度结合于休闲观光农业消费，以促进休闲农业的高速发展。此外，在政策支撑下，有计划地安排中小学生去休闲农场体验生活，并得到一定的学习，意图通过休闲农场树立中小学生的生态环境保护意识，让中小学生在教育中完善人格。

（2）通过完善管理机构、加大政府支持力度，在宏观上引导休闲农业，以提高休闲农业的服务与管理。1998 年，台湾休闲农业发展协会成

立。台湾休闲农业以“农委会”为主管，以“经建会”与“观光局”为辅助管理。同时，在“农委会”下设立休闲农业管理及辅导处，并且各县市也有设立，最终构成由上而下的休闲农业管理体系。当休闲农场得到“农委会”的核准后，可在经营上享有优惠政策，通过“农委会”调拨专项经费以供发展。

（3）重视休闲农业发展协会发挥的作用。1998年，台湾休闲农业发展协会的成立在一定程度上促进了休闲农业指导、服务与管理的加强。在具体工作开展的过程中，为了协助辅导从事休闲农业管理与服务的工作者，同时解决人力资源问题、提高经营企业的服务品质、推动服务营销等，台湾休闲农业发展协会制订了一系列辅导策略与执行方案。同时，台湾休闲农业发展协会肩负着社会教育责任，对台湾农业产业的规范化发展意义重大。此外，台湾休闲农业发展协会还重视企业的产品开发与宣传促销、休闲农业规划与检查评证等多个方面。

从上述介绍可以看出，不论是国外乡村旅游，还是我国台湾地区乡村旅游，都是以休闲农业与产业化规模化为基础进行建设的。同时，只有对农业经营组织进行合理的指导管理，促进农业产业的提升，才能更好地发展乡村旅游。

在我国乡村旅游发展的初期阶段，农家乐是乡村旅游的主要形式与内容之一。但由于缺乏产业支撑，难以靠个体经营扩大经营规模，也难以通过健全的产业链促成经营性收入的实现。比如，湖北省英山县大别山区的孔坊乡新铺村的农民最初采用小块土地经营模式，但经济效益极低，为了解决面临的困境，村民们积极与湖北先秾坛生态农业有限公司开展协同合作，通过“公司＋农户”这一模式，集约了数万亩土地资源，并以此为基础，创建了生态农业神峰山庄，发展乡村休闲产业与生态循环农业，种植灵芝、木耳、香菇、云雾茶、山野菜、有机稻米等，同时养殖羊、山鸡、黑禧猪[①]等。其中，售卖鸡蛋的收益高达80万元，而绿色农产品方面的收入更是超过1亿元。同时，山庄每年客流量超过10万，可以说是大别山区休闲生态农业的典范。需要指出的是，在小农经济模式下，是完全难以获得如此高的经济效益的，只有突破小农经济，发展乡村休闲产业，农村才能建设得更加美好。

① 黑禧猪：中国的本土猪种，猪八戒的原型就是黑猪。黑猪因生长慢，体重偏低，从猪崽到成猪，至少要十二个月。

根据相关实践可知，乡村旅游想要从农家乐转型为乡村休闲产业，就要构建新型农业经营体系，培育新型农业经营主体，适度发展新型农业规模经营，在保护乡村不受破坏的前提下，尽可能地将乡村开发得更好。2016年中央一号文件要求："积极扶持农民发展休闲旅游合作社。引导和支持社会资本开发农民参与度高、受益面广的休闲旅游项目。"2014年中央农村工作会议提出："把产业链、价值链等现代产业组织方式引入农业，促进一、二、三产业融合互动。"而"公司+合作社+农户"这一创新合作模式，就是将农业产业作为基础，根据市场导向，在企业的带领下，农民在合作社这一平台中进行集约创新，最终形成行业协调、产业化经营、公司经营、合作经营、家庭经营的"五位一体"，实现农户、合作社、企业相互协作、共同发展，这是传统农业转型为休闲农业，对乡村休闲产业模式进行创新，乡村旅游与休闲农业有效结合的成功模式。海南省三亚市亚龙湾"玫瑰谷"和"兰花世界"通过"公司+合作社+农户"这一模式，实现了三方共赢，成为这一模式鲜活的成功范例。

下面先介绍三亚市亚龙湾"玫瑰谷"。1997年开始，上海兰德公司于上海开展玫瑰鲜切花种植与销售项目，涉及了华东六省一市的鲜花市场，建立了以上海与长江三角洲地区为中心的规模庞大的销售网络。2006年，该公司于海南初步试种热带玫瑰，并获得成功，打破了海南没有玫瑰鲜切花的局面。玫瑰谷一期时，开发种植的玫瑰鲜花有1000亩。三亚为了乡村旅游的发展，一直重视休闲农业产业的建设，其中包括节水灌溉示范基地，花卉科研示范基地，低碳、节能、环保示范基地，龙头企业带领农户致富的示范基地，热带玫瑰花繁育基地，现代都市旅游观光农业示范基地，高效农业示范基地，新型高产示范基地等生产性项目。同时，依托于玫瑰谷的鲜切花示范基地，以"公司+合作社+农户"为主要生产合作模式，逐步实现农民玫瑰花专业合作社的规模化，促成了近500户农民进行种植业的升级换代，使得三亚玫瑰鲜切花产业初步形成。随后，通过公司收购、分类、包装农户生产的玫瑰花，向华东在内的各大城市直接销售，并且供不应求。

在种植玫瑰之前，农民种植的水稻每亩的年收入不超过1000元，而玫瑰的种植使农民的年收入翻了5倍。在公司的带动下，通过合作社这一模式，种植的每亩玫瑰的年收入超过2万元。今时今日，玫瑰谷已经实现了乡村旅游与休闲农业的高度结合，成为集旅游休闲度假、玫瑰文

化展示、玫瑰种植为一体的亚洲最大规模的玫瑰谷。同时，将“玫瑰之约，浪漫三亚”作为主题，充分显示了玫瑰谷的美好，大大提高了对游客的吸引力。2014 年第一季度，玫瑰谷的客流量高达 9.25 万人次，旅游营收高达 400 万元以上，还解决了当地一些农民的就业问题。习近平总书记曾视察玫瑰谷，说了这样一句话：“小康不小康，关键看老乡。”同时，充分肯定了玫瑰谷这一现代化的生产模式，对玫瑰谷的发展持积极态度。

三亚“兰花世界”同样采用了“企业 + 合作社 + 农户”这一创新合作模式，带动了三亚 15 个兰花合作社，种植兰花的农户有 2000 人左右，种植面积 350 亩，每年每亩地平均收入超过 4 万元。同时，带动周边城市近千农民从事兰花的种植生产，总种植面积在 1000 亩以上。当前，在整个南海的旅游景区中，“兰花世界”也是较为著名的。2013 年，“兰花世界”客流量达 22.8 万人次，总营收超过 1000 万元，同时解决了 100 多位农民的就业问题。

目前，在我国乡村旅游发展的过程中，主要依托于以下几种休闲农业产业类型。

（1）对游客吸引力较大、经济效益较高的蔬果种植产业。比如，北京市平谷区以采桃、赏花为主的大桃种植业，北京市大兴区以葡萄、桑葚、西瓜、桃、梨为特色的“绿海甜”乡村旅游，新疆吐鲁番以葡萄种植为主的葡萄沟等。

（2）具有休闲观赏功能、形成产业经济效益的花卉种植产业。比如，山东菏泽、河南洛阳的牡丹种植园，北京市密云区以薰衣草种植为主的紫庄园，海南三亚的兰花世界、玫瑰谷等。

（3）草原旅游与草原木业。比如，甘肃山丹军马场、新疆乌鲁木齐市南山牧场、内蒙古西乌穆沁旗诺干宝力格噶村等。

（4）高效现代农业。比如，黑龙江省红旗岭农场、山东省寿光市“菜博会”等。

（5）以林业为基础的森林旅游与林下经济。比如，吉林省集安市林下参种植基地、吉林省钰清县兰家大峡谷森林公园等。

（6）竹木苗木种植产业。比如，河南省许昌市鄢陵县以苗木为依托的绿色产业，打造了“蜡梅之乡”品牌等。

（7）柳编、草编、竹编等工艺品生产。比如，江西赣州乡村竹编、山东省潍坊乡村柳编、甘肃平凉市乡村草编等。

（8）河湖渔业养殖与海洋渔业。比如，吉林省前郭尔罗斯的查干湖“冬捕节”，山东省长岛“渔家乐”，海南三亚市“蛋家乐”等。

（9）特殊种植业与养殖业。比如，河南许昌、安徽亳州的中药材种植业，云南省西双版纳、畹町的孔雀养殖，湖南省新宁县高山牧场梅花鹿养殖，额尔古纳市部落驯鹿养殖等。

随着全国休闲农业和乡村旅游示范创建工作相继开展，逐渐形成了品牌带动效应与积极的典型示范，使得各地对此的重视程度越来越高，休闲农业与乡村旅游的社会影响力也越来越强。截于 2017 年 5 月，我国已有上万个遍布全国各地的休闲业园区与乡村旅游景区，农家乐也有 150 万家以上，年客流量约 4 亿人次，旅游收益高达 3000 多亿元，解决了 400 多万农民的就业问题，并使他们生活得越来越好。在这 3000 多亿元的营收中，农民直接获益高达 1200 亿元左右。[①] 在休闲农业与乡村旅游不断发展的过程中，不仅实现了乡村更好的规划建设，而且让更多农民丰富了自身生活，这对中国的现代化建设具有重要意义。

## 二、丝绸之路经济带旅游创新发展蓝图

在 2014 年的“加强互联互通伙伴关系”东道主伙伴对话会上，习近平总书记指出：“一带一路”和互联互通是相融相进、相辅相成的。如果将“一带一路”比喻为亚洲腾飞的两只翅膀，那么互联互通就是两只翅膀的血脉经络。习近平总书记在互联互通、深化合作的五点建议里提出：“以人文交流为纽带，夯实亚洲互联互通的社会根基。中国支持不同文明和宗教对话，鼓励加强各国文化交流和民间往来，支持丝绸之路沿线国家联合申请世界文化遗产，鼓励更多亚洲国家地方省区市建立合作关系。亚洲旅游资源丰富，出国旅游人越来越多，应该发展丝绸之路特色旅游，让旅游合作和互联互通建设相互促进。”总书记指出：“一带一路”建设秉持共商、共建、共享原则，将给地区国家带来实实在在的利益。中国经济发展正从高速增长转向中高速增长，从规模速度型粗放增长转向质量效率型集约增长，从要素投资驱动转向创新驱动。同时，将继续给包括亚洲国家在内的世界各国提供更多市场、增长、投资、合作机遇。直到 2019 年，中国进口商品超过 10 万亿美元，对外投资将超过

---

① 本书编委会．旅游文化创意与规划［M］．北京：旅游教育出版社，2017．

5000 亿美元，出境旅游人数将超过 5 亿人次。

从中可以看出，我国建设“一带一路”，发展丝绸之路特色旅游的总路线是互联互通，民心先通，互联互通，旅游先通。对于我国来说，丝绸之路经济带旅游是依托古丝绸之路，以国家西部大开发战略为主要指导，推动中西文化交流与经济共同发展的最佳机遇。同时，丝绸之路经济带旅游是推动亚欧经济文化交流的重要战略步骤。丝绸之路经济带旅游是在时空中回顾过往历史，体悟中华民族历史与文化的辉煌一页，激励中华民族实现伟大复兴的梦幻之旅。

《推动共建丝绸之路经济带和 21 世纪海上丝绸之路的愿景与行动》（以下简称《愿景与行动》）是“一带一路”路线图，也是丝绸之路经济带旅游创新发展之路的驱动力。根据《愿景与行动》[①]，包括我国在内的“沿线国家交通、经贸往来、政府、旅游以及教育等方面的合作将面临巨大的机遇和改变”。具体而言，我国丝绸之路经济带旅游发展的创新驱动包括以下方面。

第一，基于《愿景与行动》，以亚洲命运共同体的构建为战略高度，以“五通”作为合作重点，将对我国旅游发展的框架布局进行宏观上的重新规划。（1）国际合作：以“一带一路”的走向为依据，对海陆两大国际交通路线进行重点建设，共同打造四大国际经济合作走廊与海上运输丝绸之路（敦煌）国际文化博览会会标大通道，即“中国—中南半岛”“中国—中亚—西亚”“中蒙丝绸之路（敦煌）国际文化博览会”“新亚欧大陆桥”，这些路线在未来将会是重要的国际合作旅游经济带。（2）国内布局：将各地区的优势充分发挥出来，提高对开放战略的积极性，促进各地域之间的互相协作，实现开放型经济水平的全面提升。以此为基础，确定了东北地区、西北地区、西南地区、内陆地区、沿海和港澳台地区在“一带一路”中的角色定位与发挥的作用。比如，内蒙古、陕西、宁夏、青海、甘肃、新疆等西北地区为丝绸之路经济带的核心区，主要目标与作用是进一步深化与西亚、南亚、中亚的国家的交流与合作；广西、西藏、云南、四川等为面向东南亚、南亚的国家的重要省区。在未来相当长的一段时间内，西部 11 省区将围绕“一带一路”的目标对丝绸之路经济带旅游进行不断创新，以推动丝绸之路经济带旅游的蓬勃发展。

---

① 《愿景与行动》：分为 8 个部分，包括时代背景、共建原则、框架思路、合作重点、合作机制、中国各地方开放态势、中国积极行动和共创美好未来。

第二，18个省区的旅游发展实现了与“一带一路”国家倡议的结合。特别是处于“丝绸之路经济带”沿线，但经济发展较东部落后很多的西部地区，被确定为“内陆开放型经济试验区”“内陆型改革开放新高地”“丝绸之路经济带核心区”后，形成了面向南亚、中亚、西亚及至欧洲的人文交流基地、商贸物流枢纽、对外开放的重要窗口。作为“一带一路”国家倡议的重要地域，将提高内陆节点城市建设的速度，为支援乌鲁木齐、西安等内陆城市，将建设国际陆港、航空港，同时将深化沿边口岸、内陆口岸的合作，促进跨境贸易电子商务服务试点的开展。通过这些举措的实施，有利于我国西部省区走出国门，迈向国际旅游市场，并与之有深度的结合，使丝绸之路经济带旅游服务生产得到极大的发展。

第三，《愿景与行动》出台后，基于“一带一路”国家倡议的旅游业创新发展任务被明确，提出要“加强旅游合作，扩大旅游规模，互办旅游推广周、宣传月等活动，联合打造具有丝绸之路特色的国际精品旅游线路和旅游产品，提高沿线各国游客签证便利化水平”。在未来，打造独具丝绸之路特色的国际精品旅游线路与旅游产品将成为丝绸之路经济带创新旅游发展的主要任务。

第四，习近平总书记对“亚洲命运共同体”概念进行了深刻阐述，同时指出，应打造独具特色的亚洲合作平台，促进亚洲人民幸福生活与梦想的实现，并通过互联互通建设促进各国文明之间的相互借鉴以及人民之间的深入交流，从而使各国人民在互信互敬中享受生活带来的和谐与安宁，共同编制与构建进步、富强、和平的亚洲。《愿景与行动》出台后，共建“亚洲命运共同体”的内涵被进一步落实，同时对丝绸之路传统友好的合作精神进行了传承与弘扬，强调“一带一路”建设的社会根基就是“民心相通”，只有各国人民之间做到团结友爱，“一带一路”国家倡议才能发挥更大作用，并走得更远。《愿景和行动》指出，应进一步深化“一带一路”沿线国家或地区之间的文化交流、人才合作交流、志愿者服务、媒体合作等各个方面，通过扎实民意基础，促进双多边合作的深化。这说明了丝绸之路经济带旅游将成为我国同南亚、中亚、西亚甚至欧洲国家之间促进民意相合的主要手段之一，以及各国文化与人民交流的重要方式与渠道。在“互联互通，旅游先通”的作用下，我国西部省区旅游业的地位将得到极大提升，成为国民经济发展中不可忽视的力量。而在“新形势”下，旅游业必将成为我国丝绸之路经济带沿线各省区创新驱

动的重要产业，具有极高的战略意义。

第五，《愿景与行动》出台后，对“一带一路”国家倡议建设起到了推动作用，对双边及多边合作机制的构建与完善起到了促进作用。同时，提出了对我国旅游业重大节事活动进行指导的清单：“继续发挥沿线各国区域、次区域相关国际论坛、展会以及博鳌亚洲论坛。中国—东盟博览会、中国—亚欧博览会、欧亚经济论坛、中国国际投资贸易洽谈会，以及中国—南亚博览会、中国—阿拉伯博览会、中国西部国际博览会、中国—俄罗斯博览会等平台的建设性作用。支持沿线国家地方、民间挖掘‘一带一路’历史文化遗产，联合举办专项投资、贸易、文化交流活动，办好丝绸之路（敦煌）国际文化博览会、丝绸之路国际电影节和图书展。倡议建立‘一带一路’国际高峰论坛。”以此清单为指导，丝绸之路经济带沿线各省区绚丽多彩的民族文化资源与丰富的历史文化资源必定会得到进一步保护与传扬，并逐渐成为沿线各省区文化软实力建设的宝贵财富，在提升旅游创新发展能力的同时，旅游创新发展水平将会有极大的提高。

### 三、丝绸之路文化旅游产品的创新与开发

世界遗产委员会是这样理解丝绸之路的，称其为一个东西方融合、交流、对话的道路，在近两千年的历史中对人类的共同繁荣具有重要意义与影响。以“丝绸之路：长安—天山廊道的路网”为例，虽然这只是丝绸之路 54 条廊道之一，它却有着长达 8 700 公里左右的路线，涵盖了 33 处遗迹，其中处于中国境内的遗迹有 22 处。这条廊道见证了公元前 2 世纪直至 16 世纪亚欧大陆的经济与文化的历史变迁。作为亚欧大陆的历史桥梁与人类文明的文化运河的社会发展之间的交流，反映了我国西北各个民族交流与融合的历史，以及中西文化之间的沟通与交流，为后世留下了丰富的历史文化宝藏。

实际上，丝绸之路贯穿了我国西部 11 个省区通往国外的道路，在如此辽阔的地域内，其旅游文化资源远比长安—天山廊道路网区域丰富多彩。《愿景与行动》提出，想要更好地打造具有丝绸之路特色的旅游，就要清楚如何开发国际精品旅游线路与旅游产品，具体而言，需要从以下方面入手。

（一）开发丝绸之路历史廊道风光旅游

丝绸之路绵延数千公里，沿途的风光可谓多姿多彩、各具特色。比如，绿洲田园风光、湖泊河川、戈壁沙漠、冰川雪峰、山岳峡谷、青青草原等。这一经过长久历史沉淀的廊道的本身就是大自然赋予人类的壮丽画卷。

以河南洛阳为起点，历经三门峡、陕晋大峡谷、壶口瀑布后，可观赏到黄土地上的田园风光，北部的高原散布着黄帝陵以及汉唐之际的各个帝陵。矗立于关中平原南部的大秦岭是中国南北气候的分水岭，也在一定程度上起到了规划中国南北方格局的作用，这里还有金丝猴、朱鹮、羚牛、大熊等动物自然保护区。巍峨的太白山、钟南山、华山流传着神仙传奇与神话故事，人们能够在怡然之中体悟自然带来的意境之美。到了甘肃境内后，陇山的峻岭之间潜藏着麦积山石，伏羲庙与崆山也是此处的靓丽风光。在龙首山与祁连山的拱卫下，风景秀美的河西走廊、疏勒河、黑河、石羊河哺育着历经千年历史风霜的河西四郡——敦煌、酒泉、张掖、武威，这四大城市曾是古丝绸之路的重要枢纽。穿过天山、昆仑山，沿着姆塔格沙漠、塔克拉玛干大沙漠，追寻塔里木河周边数百万亩的胡杨林以及葱岭沿途的戈壁绿洲，之后会看到如仙境一般的天池与赛里木湖，在公格尔山与慕士塔格峰的点缀下，丝绸之路带给人们别样的风采。经过帕米尔高原与昆仑山，中亚与南亚的异国风光映入眼帘。

向北绵延的丝绸之路穿过蒙古高原与阿尔泰山，将进入南俄草原。人们随处可见茫茫草原，向远望去，草地连通天际，绿色与蓝色相接，却又泾渭分明，草原风情充斥人们的内心。向南绵延的丝绸之路会进入有“世界屋脊”之称的青藏高原，在青海湖、日月山、茶卡盐湖、冈仁波齐峰、圣湖玛旁雍错等自然风光的点缀下，可谓美不胜收。进入云贵高原后，澜沧江、怒江、金沙江在层峦险峰的映衬下，给人以雄奇之感，对于整个世界而言，它们都是蕴藏最为丰富的地质地貌博物馆。

根据上述可知，丝绸之路沿线的自然风光极为壮丽，文化资源也相当丰富，这使得大量的欧洲探险者在 19 世纪时就来到丝绸之路沿线，开展亚洲腹地探险。今时今日，丝绸之路经济带旅游仍旧可以将这些富有魅力的自然与文化资源作为其发展的依托，并善于运用现代化道路交通体系与历史廊道属性带来的优势，合理开发独具丝绸之路特色的旅游产品。比如，自驾车旅游、探险旅游、转向旅游等。以甘肃自驾车旅游为例，

规划后的“三大经典自驾车游线”包括甘肃华夏文明游自驾车游、大香格里拉游线甘肃段自驾车游线、甘肃丝绸之路金带自驾车游线；“六大自驾车旅游专项游线”包括甘南大草原风情游线、巴丹吉林沙漠越野自驾游线、有福连山探险自驾游线等；“五大区域配套游线”包括省会都市圈（兰州、白银）休闲观光游自驾车游线、陇南（武都）生态游自驾车游线、南部（甘南、临夏）民族情游自驾车游线等；“八大特色主题游线”包括黄河奇观游自驾车游线等；“七条际区域协作自驾车游线”包括甘肃、青海河温文化和祁连风光游线，甘肃、内蒙古沙漠戈壁探险自驾车游线，甘肃、宁夏黄河风情和西夏文化游线，甘肃、陕西历史文化和红色文化自驾车游线，甘肃、四川云南大香格里拉自驾车游线，甘肃、四川九寨沟自驾车黄金游线，甘肃、新疆丝绸之路自驾车游线等。

（二）挖掘文化线路的内涵，开发丝绸之路文化之旅特色旅游

在古代丝绸之路中，由于沿线城市经济发展程度相对较低，并且环境较中原地区恶劣，各族先民或商旅需要围绕商镇、水系、绿洲开展活动，这使得很多文化遗址没有淹没在历史中，文化及其物质遗产不会因为相对分散而消亡。同时，这些商镇在千余年的发展变化中，逐渐形成体系，为今时今日的丝绸之路经济带的发展奠定了坚实的基础。

丝绸之路的作用不仅反映在贸易上，它还为民族迁徙以获得更好的生存发展提供了条件。张骞、班超通过丝绸之路去往西域诸国，在他们的不懈努力下，两汉设立了西域都护府，一定程度上压缩了北方游牧民族的生存空间，最终使其迁徙至中亚、西亚，甚至是欧洲，极大改变了当时及后来的世界格局；波斯商人、东罗马帝国商人等为得到中国的茶叶、丝绸等，以获得经济报酬，陆续来到中国贸易；东晋时期名僧法显与闻名现代的玄奘都曾沿着丝绸之路前往西域、印度求取佛经；佛教、伊斯兰教、犹太教、基督教等，当发展到一定程度后，也曾经过丝绸之路到中国内地开展传教活动；匈奴以后，鲜卑、突厥、柔然、吐蕃等少数民族也曾沿着丝绸之路前往中亚、西亚、欧洲，甚至建立过一些强大的政权。

丝绸之路经过千余年的历史沉淀，蕴含着丰富的历史文化、宗教文化、民族文化，使得人们在丝绸之路中会清晰地感受到蕴含其中的独特文化。基于此，可依托于丰富的文化遗产，大力发展旅游文化，以促进丝绸之路特色旅游的迅速发展。比如，以“阿曼尼莎汗和十二木卡姆之旅”“松鸣岩回族花儿会之旅”“青藏高原藏传佛教化之旅”“天水伏羲

文化之旅”“平凉崆峒山道家养生之旅”“红军长征与陕甘宁边区红色文化之旅”“黄土高原民俗风情体验之旅”“丝绸之路历史文化名城之旅”“河西走廊丝路胜迹访古之旅”“汉唐帝陵与汉唐文化之旅”“先秦与三国历史文化之旅”“黄土高原华夏文明寻根之旅”“丝绸之路石艺术之旅”“追寻玄奘西行之旅”“丝绸之路世界文化遗产之旅”“寻找丝绸之路失落的古代文明之旅”等为主体，开展独具特色的丝绸之路旅游。

（三）依托丝绸之路历史文化名城，构建全域旅游格局

根据《愿景与行动》的内容可知，应以“一带一路”国家倡议为引导，陆上以国际大通道为基础，以主要沿线城市为支持，以主要经贸产业园区为平台，共同打造中国—中南半岛、中国—中亚—西亚、中蒙俄、新亚欧大陆桥等国际经济合作走廊。以这一发展思路为依据，西宁、乌鲁木齐、银川、兰州、西安等丝绸之路经济带旅游的沿线中心城市将会成为主要的旅游目的地与集散中心，而其他知名历史文化名城也会成为丝绸之路经济带旅游的重要节点。因此，在对丝绸之路进行规划与创新的过程中，应将这些具有集散中心与重要节点性质的城市作为丝绸之路文化旅游的重点，不可忽略其存在的重要意义与价值。

由于丝绸之路有着两千多年的文化底蕴，自然也发生过很多历史意义重大的事件，使得很多城市因此扬名。这些城市有些是一个朝代的都城，有些是重要经贸重镇，还有些有着丰富且珍贵的物质或非物质文化遗产。这些文化遗产的传承，使得现代人能够对丝绸之路的过往有更加深刻的认知与见解，即使依旧是片面的，也对丝绸之路本身具有重要意义。

根据《中华人民共和国文物保护法》的内容可知，历史文化名城指的是文物丰富、具有重要历史文化价值与革命意义的城市。2008 年 4 月 22 日，我国对外公布了《历史文化名城名镇名村保护条例》，并于 2008 年 7 月 1 日正式施行。截至 2021 年 3 月 12 日，我国历史文化名城有 137 座，并且保存于这些城市的文化遗产已经得到重点保护。在丝绸之路沿线的省区中，有历史文化名城 37 座，包括日喀则市、拉萨市、丽江市、大理市、昆明市、遵义市、泸州市、都江堰、乐山市、宜宾市、自贡市、成都市、伊宁市、库车县、吐鲁番市、喀什市、银川市、天水市、敦煌市、武威市、张掖市、汉中市、榆林市、韩城市、延安市、咸阳市、西安市、洛阳市等，在此不一一列举。

中华人民共和国成立后，丝绸之路沿途的历史文化名城得到了进一步建设，尤其是改革开放后，这些历史文化名城已经渐渐成为丝绸之路的区域中心或中心城市。受到全域旅游思想的引导，根据全要素、全产业、全时空的要求，不论是城市基础设施，还是旅游服务设施，都在逐步完善，景区景点的服务水平与建设程度也越来越高。比如，根据粗略统计，西安市景区景点超过 80 个，喀什景区景点超过 50 个，吐鲁番景区景点超过40个，敦煌景区景点超过40个，乌鲁木齐景区景点超过30个。其中，很多景区景点都蕴含着丝绸之路的历史文化以及保留有相关的文物。比如，汉长城遗址、玉门关和阳关遗址、敦煌莫高窟、甘肃省博物馆、城固张骞纪念馆、西安碑林、陕西省历史博物馆、大唐慈恩寺、仙游寺、净业寺、兴庆宫、龙门石窟、洛阳白马寺、丝绸之路博物馆、喀什盘橐城、拜城克孜尔石窟、高昌故城、吐鲁番交河遗址、阿曼尼莎汗纪念陵园、莎车王陵、阿斯塔纳古墓群等。

需要指出的是，截至目前，上述城市围绕丝绸之路文化的全域旅游格局尚未得到完善，丝绸之路名城的历史价值与重要意义无法显现出来，因此对旅客的吸引力不高。除此之外，受到地理环境的影响，古时的人们对我国西部的重视程度不高，导致西部经济发展缓慢，中心城市相对分散，这种情况一直延续到中华人民共和国建立，使得丝绸之路的文化一直与旅游景点也相对分散，虽然中华人民共和国成立后已经重视西部建设，但并不能改变文化分散的现状，这是需要长期历史积淀的。但是，为了丝绸之路旅游带的发展，还是要注重丝绸之路景区景点的整合，同时大力发展丝绸之路沿线城市的建设，通过提高对人们的吸引力，促进丝绸之路旅游带的进一步发展。

对于丝绸之路文化集群或文化产业园区建设，西安市政府推动的“大唐西市”项目为此树立了典范。实际上，大唐西市主题博物馆不仅体现了丝绸之路文化，而且反映出了西市历史文化与盛唐商业文化，可以说是一个文化产业综合体。它是以在唐代长安城西原址为基础进行再建的，在一定程度上保证了“西市遗址”的真实性，是在“皇城复兴计划”的推动下开展的，其本身也可以说是“皇城复兴计划”的重要组成部分。大唐西市主题博物馆的建筑面积为 3.2 万平方米，占地面积为15万亩，馆内遗址保护面积为500平方米，包括不同时期的排水渠遗址、店铺房基遗址、石板桥遗址、道路车辙遗址、十字街遗址等，同时馆藏文物有 2 万余件，展览区面积为 8000 平方米。此外，博物馆的陈列展览体系较为完善，兼具收藏、民俗、艺术、历史于一身。还具有休闲、餐饮、购物、文化演艺等健全的功能与设施，实现了丝绸之路文化产业的综合。大唐西市在构建旅游文化产业新业态的同时，借助种种历史遗迹，使得旅游感受到了盛唐的繁华与传承两千多年的丝绸之路文化。

以丝绸之路重镇的身份为基础，对丝绸之路文化进行充分挖掘，并成功打造全域旅游，敦煌市是其中的佼佼者。

汉代起，丝绸之路以长安为起点，逐渐向西推进，路经河西走廊进入敦煌，之后通过玉门关与阳关，达到昆仑山与天山之间，沿着天山南麓与昆仑山北麓分别是北与南两条丝绸之路，中间会路经塔里木盆地。可以这样说，敦煌是丝绸之路的咽喉，它是中西方文化交流与贸易往来的主要中转站之一。在古时的敦煌，中原汉人与西域胡人中的商人会云集于此，开展丝绸、茶叶、马匹、骆驼等五花八门的商业活动。同时，中原文化、中亚文化、西亚文化，甚至是各种宗教文化，都是向敦煌聚集，经过上千年的文化碰撞，敦煌形成了别具一格的地域文化。此外，敦煌也因商业贸易而繁荣，从敦煌莫高窟的壁画中可出看出。1987 年，敦煌莫高窟被列入《世界文化遗产名录》，这是对敦煌本地文化的肯定。在敦煌成为“中国历史文化名城”后，又获得了很多名号。比如，“中国最值得外国人去的 50 个地方之一”“中国自驾车旅游十大目的地”“游客最喜爱的旅游区”“国际世界的中国品牌城市”等。

当前，现存于敦煌的各类文物景点有 200 处以上，包括国家重点保护的玉门关、莫高窟、悬泉置遗址等。近些年，敦煌以丰富的丝绸之路文化资源遗产为基础，强化了自身在丝绸之路经济带与“一带一路”国家倡议建设中的地位与作用，同时提高全域旅游发展力度，推进文化旅游的进一步融合，使文化旅游产业在经济增长中发挥的作用越来越大。敦煌文化旅游产业的成功主要体现在以下方面。

第一，推动旅游标准化试点城市建设，提高旅游服务水平，改善旅游公厕，合理规划敦煌夜市，对五大景区进行支持与鼓励，10 余家四星级及以上宾馆或饭店以及 150 余家酒店的接待设施相对完善，同时督促农家客栈、车站机场、景区景点等服务主体进行规模化、标准化经营。

第二，重视旅游文化内容建设，推动阳关—玉门关大景区、莫高窟—月牙泉大景区的配套设施建设与体制机制改革，建成莫高窟数字展示中心、敦煌旅游集散中心、城市规划展馆、丝绸之路文化遗产博览城、敦煌国际酒店、剧院、敦煌世界地质公园等重要设施，以促进文化旅游的

发展。

第三,促进丝绸之路文化旅游与新农村建设、民俗文化、特色农业等的融合,以实现共同发展。同时,建成鸣山葡萄庄园、莫高农耕博物馆以及20家省级示范性家庭农场、80家农家园,并打造4条各具特色的街道,使文化旅游的基础得到进一步巩固。

第四,促进会、展、演、娱等产业的并行发展。连续举办5届"敦煌行·丝绸之路国际旅游节"并获得成功,积攒了较高的声誉。还举办了第八届甘肃省文博会、第四届国际文化产业大会、丝绸之路(敦煌)国际文化博览会准备工作会议等。此外,引进了很多精品演出剧目,如《丝路花雨》《又见敦煌》等。还举办了一些精品文化活动,如敦煌文化系列论坛、丝绸之路(敦煌)国际马拉松赛、"朝圣敦煌"全国书法大展等。

第五,全国旅游标准化示范城市得到省级的评估与认可。对深化区域协作予以足够的重视,依托国家"丝绸之路旅游年"、首届文博会带来新的契机,与丝绸之路沿线的50多个城市以及国内70多个景区景点建立旅游产业联盟,促进特色文化旅游产品的开发与跨区域旅游精品线路的扩展。在甘肃省,敦煌旅游官方微信的订阅量登顶,旅游产品线上销售额超过5 000万元。旅游旺季相比曾经延长了约70天,不仅促进了敦煌文化旅游的发展,而且让世界有了更多认识敦煌的机会。2015年,敦煌旅游的客流量超过660万人次,旅游产业营收高达63亿元。当前,敦煌已经成为国家级旅游业改革创新先行区、国家级文化产业示范园区以及全国旅游标准化示范城市,这是对敦煌旅游业发展的肯定,对敦煌自身的建设也具有重要意义。

## 第三节　乡村旅游策划及规划设计分析

### 一、乡村旅游策划

#### (一)旅游活动策划

对于乡村旅游而言,旅游活动是重要的组成部分,好的旅游活动能够提高对游客的吸引力,进而获得更高的经济效益,而有缺陷的旅游活动是无法激发游客的兴趣的,甚至有可能产生一定的反感情绪。下面对各种旅游活动进行简要介绍。

1. 采摘游

采摘游主要分为两种，即花卉采摘与蔬果采摘。其中，蔬果采摘还可以细致地分为大棚反季蔬果采摘与应季蔬果采摘。具体而言，春、冬两季主要是大棚反季蔬果采摘；夏季主要是苦瓜、豆角、茄子等时令蔬菜采摘，以及桃、杏等时令水果采摘；秋季主要是南瓜等时令蔬菜采摘，以及梨、苹果等时令水果采摘。

图 7–1　新鲜草莓采摘

最近几年，一些村庄采用果树嫁接的方法来提高经济效益，冬季采摘草莓等，即为反季水果采摘。对于花卉采摘，要保证游客及其采摘数量适宜，经过采摘的花可用于花茶的制作、永生花的制作、插花的练习等。

2. 观光游

观光游的对象主要包括人文景观、自然风光等，随着季节的变化，观光对象一般会产生一定变化，蕴含季节带来的美感。比如，春季万物复苏，树木与花朵纷纷开始成长，动物们脱离寒冬后更加欢快；夏季荷花盛开，蛙声、水声带来季节的呼唤；秋季麦田丰收，树叶逐渐发黄，经秋风扫过，纷纷脱落；冬季冰封万里，雪花点缀冬季的洁白与美好，而南国

却是另外一番场景。通过对四季之美的欣赏与感悟，在农村的居民能够对自身的魅力有更加深刻的认知与理解。

图 7-2　龙舟游北海

3. 休闲养生游

休闲养生游即休闲养生的旅游活动，主要包括垂钓、徒步等休闲游玩活动；对于养生而言，主要可针对三个方面进行活动策划，也就是“养生运动、饮食养生、精神养生”，还包括瑜伽和太极拳；对于身体养生，还包括 SPA 和水疗；对于饮食上的养生活动，有素食品和素食的制作；精神上的养生活动有感恩课程和道家课程。

（二）旅游产品策划

旅游产品可以分为狭义旅游产品和广义旅游产品。广义旅游产品主要指的是为了满足旅游者在进行旅游活动中的需求，旅游市场所提供的精神产品、物质产品和旅游产品。狭义旅游产品主要包括手工产品和纪念品等。

1. 旅游产品品质化

乡村旅游产品在品质上是比较低的，这是我国乡村旅游产业发展过程中的一个重要的问题，提升乡村旅游品质，有助于我国乡村旅游品牌

的建立。旅游公司在旅游管理中要积极参与，乡村旅游发展协会应保证乡村旅游产品的质量，从而实现乡村旅游质量的提升。

2. 提升旅游产品文化内涵

乡村文化是乡村旅游发展的灵魂，但是对于我国乡村旅游现状而言，在乡村旅游发展上存在一定问题，如题材雷同、档次低、缺乏真实性，之所以会出现这样的情况，根本原因就是未能全面挖掘乡村文化的内涵。乡村文化的形成有多个条件，包括特定的地理空间、历史发展背景、生产力发展、人口迁移以及民族融合等，体现了其多样性的特点。

3. 旅游产品差异化发展

我国的乡村旅游产品具有单一性，主要就是农业观光和农家乐，旅游产品的单一性已经不能满足游客们的需求。对于旅游产品开发而言，需要梳理这一区域中的所有景区旅游产品，保证其文化和资源上的综合优势。

## 二、乡村旅游规划设计

### （一）乡村旅游规划的界定

旅游规划主要是根据乡村地区在其发展规律上的特点和其市场本身特点的不同从而实现目标的制订，为了实现这一目标，应具体安排和统筹部署旅游要素。

就现阶段而言，我国在乡村旅游规划上所处的阶段是起步阶段，其中的内容主要还是进行编制工作和开发性研究。

在理解乡村旅游规划的含义时，需要注意以下几点。

（1）旅游规划不仅是一项技术过程，也是决策的过程。除了科学规划之外，这一规划应该具有一定的实行可行性，要保证其是二者兼备的，这样才能规避“规划失灵”。

（2）乡村旅游规划行为不仅是政府的，也是一种经济行为和社会行为。不仅要求政府积极参与，对于规划工作而言，未来经济管理人员的参与也是至关重要的，同时要结合投资方、当地群众，防止出现“技术失灵”的情况。所以，其规划体系应该是开放式的，协调参与多重决策权，包括专家、官方企业、群众。除此之外，为了能更好地服务于社会，还应

该建立一种机制，这有助于规划师对各部门的决策者在意见上的协调，保证规划完美。

（3）乡村旅游规划不应该是物质的、静态的和蓝图形式的，它应该是一个过程，要进行不断调整和反馈，规划文本是一个初始阶段，要确定指导意见和目标。

### （二）乡村旅游规划对象

乡村旅游规划是区域旅游规划上的特例，除了区域旅游规划本身具有的属性和特点之外，其自身还具备一定的特征和规律。根据乡村旅游在特点上的不同，可以认为乡村旅游的对象就是乡村旅游系统，其具有四大子系统，即需求系统、中介系统、引力系统和支持系统。

（1）乡村旅游需求系统是乡村旅游的主题系统，也是其客源系统，在进行规划时，要对乡村客源市场在客观和主观上进行相应的需求分析，主观上包括个人偏好和出游倾向等观念，客观需求上包括闲暇时间和经济能力等因素。

（2）乡村旅游中介系统就是要实现乡村旅游客体和主体上联系桥梁的搭建，这有利于保障乡村旅游，从而实现中间系统的顺利进行。乡村旅游企业系统所涉及的因素有多种，如乡村旅游营销等，还有口碑宣传、广告效应，旅行社、旅游交通、旅游服务引导系统等。

（3）乡村旅游引力系统是核心系统，其中包括两种，也就是物质吸引系统和非物质吸引系统。简单来说，在进行乡村旅游规划时，要对其主要建设内容进行重视，如乡村旅游形象、乡村旅游活动、乡村旅游设施、乡村景观与环境、乡村旅游氛围和乡村旅游服务等，有助于营造强大的乡村旅游吸引力。

（4）乡村旅游支持系统主要指的就是乡村旅游的环境系统，其中有两个方面，即硬环境系统和软环境系统，其中涉及的内容体系比较复杂，包含多种因素，如乡村建设、环境卫生、道路交通、公共设施建设，还有社会风气、经济发展水平、乡村文化环境、乡村旅游发展政策等。对于乡村旅游规划而言，对于大环境上的营造是应重点关注的。

## 第四节 乡村旅游保障体系的具体规划

乡村旅游业具有很强的综合性，需要协调各方关系，需要各个部门的帮助和支持，只有对其支撑保障体系进行完善，才能实现各个部门的配合与协调，从而实现乡村旅游业规划的良性发展。

### 一、乡村旅游配套设施规划研究

对于旅游规划的落实而言，其需要相关的配套设施保证其实现。“配套设施”这一概念比较宽泛，从一方面来说，指的是仅仅包括娱乐、餐饮和购物等；但是从另一方面来说，除了原本的旅游设施之外的设施都可以被称之为市旅游配套设施，对于旅游业的发展而言是不可或缺的。

乡村旅游的配套设施主要指的就是乡村旅游业在服务上所提供的设施，如服务设施、餐饮设施、住宿设施、交通设施、娱乐设施、邮电通信设施、水电设施、安全卫生设施等，很多行业还没有相应的行业标准规范。乡村旅游的特征就是田园生活和生态体验，其配套设施应该是美观、安全的，也要保证其功能健全、经济适用，符合当地的主题，在体验各种服务时，游客能感受到田园的美好。

### 二、政策保障机制研究

乡村发展政策上的保障是必不可少的，对其来说是重要的保障因素，也是重要的驱动因素，只有其配套的政策适合，乡村旅游业的发展才更好。政策支持需要政府发挥主导。对于乡村旅游而言，其关键制约因素就是乡村旅游用地，在用地上，制定政策时需要对相关的旅游项目和建设布局提出一定要求，探索土地在总体上的规划编制，建设所配套的用地比例，保障乡村旅游用地。对于财政金融而言，其原则就是“政府扶持、业主为主、社会参与”，实现乡村旅游投入机制的建立和完善，

加大财政力度；实施税收优惠政策，适当减免旅游企业的税收；设立乡村旅游重点扶贫基金，对于贫困地区农民的致富是具有积极作用的。

图 7-3　云南罗平螺丝田油菜花

### 三、人力资源保障机制研究

人力资源保障系统是要为乡村旅游市场提供高水平人才，实现人力资源可持续发展。对于政府，要加速乡村旅游创业人才工程，加大乡村人才培养的力度，加强乡村旅游经营管理人才的队伍建设。适当制定鼓励性政策，对于多方面的培训，需要利用多种方式来实现，如政策法规、经营管理、配套设施、投资环境等。高校和旅游培训机构要对乡村进行带头人培养。

# 第八章　乡村人居环境营造的趋势——“美丽乡村”建设

## 第一节　“美丽乡村”的建设意义

“实现中华民族伟大复兴中国梦，必须振兴乡村，使农业强大、农村美丽、农民富裕。没有农业现代化，没有农村繁荣富强，没有农民安居乐业，国家现代化是不完整、不全面、不牢固的。”习近平同志在党的十九大报告中指出：“实施乡村振兴战略。农业农村农民问题是关系国计民生的根本性问题，必须始终把解决好‘三农’问题作为全党工作重中之重。”乡村振兴战略就是要坚持农业、农村优先发展，要按照产业兴旺、生态宜居、乡风文明、治理有效、生活富裕的总要求，建立健全城乡融合发展的体制机制和政策体系，加快推进农业、农村的现代化。

消除绝对贫困实现生活富裕，是乡村振兴战略的基本要求，是全面建成小康社会的重要标志。十八大以来，在党中央的坚强领导和动员下，通过集中公共资源和广泛动员社会资源与力量，通过建立健全精准扶贫、精准脱贫体制机制，创新多种扶贫脱贫模式，脱贫攻坚战取得决定性进展，发展基础正在不断完善。但是由于发展的不平衡不充分，目前，我国城乡差距仍然较大，农业、农村发展滞后的问题仍然突出。小康不小康，关键看老乡。习近平同志指出，全面建成小康社会，最艰巨最繁重的任务在农村，特别是在贫困地区。没有农村的小康，特别是没有贫困地区的小康，就不可能全面建成小康社会。

在决胜全面建成小康社会的背景下，如何满足农民追求美好生活的

需要显得更为迫切。美丽乡村是小康社会在农村的具体表现。建设美丽乡村,是党中央深入推进社会主义新农村建设的重大举措,是当前我国各地推进生态文明建设和深化社会主义新农村建设的一项重要载体。十九大报告指出,要促进农村一、二、三产业融合发展,这为建设美丽乡村指明了方向。在中央实施乡村振兴战略的大背景下,美丽乡村建设是一个系统工程,要以绿色发展理念为引领,转变农业发展方式,实现农业提质增效,大力推进农业现代化。延伸农业产业链,大力发展农业生产性加工业和服务业。美丽乡村建设不仅美在山水,还能够不断壮大农村集体经济,为农村富裕奠定坚实基础。

同时,以美丽乡村建设为主题深化农村精神文明建设,对于顺应农民期盼、满足农民日益增长的物质文化需求,对于提高农民文明素质和农村社会文明程度,对于亿万农民实现全面小康,享受美的环境、养成良好美德、过上美好生活,具有十分重要的意义。

## 第二节 “美丽乡村”的建设背景

在过去,我国以自然环境为代价换取经济增长,一方面有效推动了经济社会发展,但另一方面也对自然环境造成了严重破坏。为了转变不可持续的发展方式,我国提出了生态文明建设这一新课题。加强生态文明建设,树立尊重自然、顺应自然、保护自然的生态文明理念,实现绿色、低碳、循环发展,对于全面贯彻落实科学发展观,从根本上解决经济社会发展与生态环境之间的矛盾,加快建设美丽中国,实现民族复兴“中国梦”,具有重大而深远的意义。

从本质上而言,坚持科学发展观与建设生态文明具有显著的一致性。贯彻科学发展观和建设生态文明有一个共同的出发点,即尊重和维护生态环境,强调构建和谐的发展关系,也就是实现人与人、人与社会、人与自然的和谐统一发展,因为只有这样才能实现可持续发展的目标。这就要求我们,不论是坚持与贯彻科学发展观,还是推进生态文明建设,都必须遵循生产发展、生活富裕、生态良好的基本原则,将人的全面自由发展作为建设和发展的最终目标。从各国的历史实践中可以看出,生态文明是社会发展的基础,是社会生产力得到长足发展的关键,是实现人的全面发展的基本前提。基于此,我国在社会转型的关键时期,必须大力推进生态文明建设,要建设资源节约型、环境保护型社会,构建人与人、人与社会、人与自然之间的和谐关系,只有这样才能真正实现社会的可持续发展,才能造福全人类。

科学发展观倡导协调可持续的发展方式,在推进经济社会发展的过程中,应该遵循以人为本、全面协调可持续、统筹兼顾等理念,围绕科学先进的发展理念,推进社会经济发展与自然生态保护的协调发展,强调在社会经济的发展中努力实现人与自然之间的和谐。贯彻落实科学发展观,就必须将维护生态安全、保护自然环境作为基本要素,将实现可持续发展作为一项重要目标,具体来说,其强调的本质是人类社会与自然环境的和谐共处,实现真正意义上的人与自然、社会的共同发展。坚持和贯彻科学发展观,就是将"以人为本"作为准则,建设和维护生态文明,为人们提供良好的生存环境,并对其进行持续不断地优化。

我们党始终重视人民的主体性,强调"以人为本""执政为民",这就决定了我们党必须根据社会发展阶段和人民实际需求,不断调整各种社会发展政策和战略部署。习近平总书记强调,"人民对美好生活的向往,就是我们的奋斗目标"。随着社会不断发展和进步,人们对良好的生态环境提出了新要求,为了响应人民群众,我们党进一步提升了生态文明建设的地位,将其纳入中国特色社会主义事业总体布局,并对其建设内容作出明确指示。2018 年 5 月 18 日,习近平总书记在全国生态环境保护大会上指出,"不能一边宣布全面建成小康社会,一边生态环境质量仍然很差,这样人民不会认可,也经不起历史检验。不管有多么艰难,都不可犹豫、不能退缩,要以壮士断腕的决心、背水一战的勇气、攻城拔寨的拼劲,坚决打好污染防治攻坚战。"可以看到,坚持生态文明建设是全面建成小康社会的重要内容和关键环节,是让人民群众过上幸福生活并满足子孙后代发展需要的重要基础,是我国当前重要的建设目标。

习近平总书记提出了"中国梦"这一概念,从以上分析可以看出,生态文明建设实际上是实现中国梦的重要基础,推动生态文明建设会促进经济、社会、民族等各个方面的发展,会为人们带来更美好的生活。生态文明建设是实现"中国梦"的重要条件,同时也是其重要内容。习近平总书记强调:"走向生态文明新时代,建设美丽中国,是实现中华民族伟大复兴的中国梦的重要内容。"党的十八大将生态文明建设纳入中国特色社会主义事业总体布局，作为中国特色社会主义事业的重要组成部分，使生态文明建设的战略地位更加明确，有利于全面推进中国特色社会主义，更快地实现“中国梦”。未来的中国，应该既是经济发达、政治民主、文化先进、社会和谐的社会，也是生态环境良好的社会。

## 第三节 “美丽乡村”的建设任务

### 一、保护和修复乡村生态体系

实施乡村振兴战略，建设美丽乡村，一个重要内容是加强对乡村生态系统的保护和修复，这是一项十分复杂的系统工程，完善重要生态系统保护制度，促进乡村生产生活环境稳步改善，自然生态系统功能和稳定性全面提升，生态产品供给能力进一步增强。

#### （一）找准重点，加强生态系统保护和修复

习近平总书记在党的十九大报告中明确提出，必须树立和践行绿水青山就是金山银山的理念，统筹山水林田湖草系统治理，建设美丽中国。同时强调，“实施重要生态系统保护和修复重大工程，优化生态安全屏障体系，构建生态廊道和生物多样性保护网络，提升生态系统质量和稳定性”。[①] 大力实施大规模国土绿化行动，全面建设三北、长江等重点防护林体系，扩大退耕还林还草，巩固退耕还林还草成果，推动森林质量精准提升，加强有害生物防治。稳定扩大退牧还草实施范围，继续推进草原防灾减灾、鼠虫草害防治、严重退化沙化草原治理等工程。保护和恢复乡村河湖、湿地生态系统，积极开展农村水生态修复，连通河湖水系，恢复河塘行蓄能力，推进退田还湖还湿、退圩退垸还湖。大力推进荒漠化、石漠化、水土流失综合治理，实施生态清洁小流域建设，推进绿色小水电改造。加快国土综合整治，实施农村土地综合整治重大行动，推进农用地和低效建设用地整理以及历史遗留损毁土地复垦。加强

① 习近平：决胜全面建成小康社会夺取新时代中国特色社会主义伟大胜利——在中国共产党第十九次全国代表大会上的报告[EB/OL].http://news.cnr.cn/native/gd/20171027/t20171027_524003098.shtml.

矿产资源开发集中地区特别是重有色金属矿区地质环境和生态修复,以及损毁山体、矿山废弃地修复。加快近岸海域综合治理,实施蓝色海湾整治行动和自然岸线修复。实施生物多样性保护重大工程,提升各类重要保护地保护管理能力。加强野生动植物保护,强化外来入侵物种风险评估、监测预警与综合防控。开展重大生态修复工程气象保障服务,探索实施生态修复型人工增雨工程。

### (二)基于实际需要,建立健全生态系统保护制度

党的十九大报告中明确指出我国会进一步"开展国土绿化行动,推进荒漠化、石漠化、水土流失综合治理,强化湿地保护和恢复,加强地质灾害防治。完善天然林保护制度,扩大退耕还林还草。"[①] 具体来说,就是完善天然林和公益林保护制度,进一步细化各类森林和林地的管控措施或经营制度。完善草原生态监管和定期调查制度,严格实施草原禁牧和草畜平衡制度,全面落实草原经营者生态保护主体责任。完善荒漠生态保护制度,加强沙区天然植被和绿洲保护。全面推行河长制湖长制,鼓励将河长湖长体系延伸至村一级。推进河湖饮用水水源保护区划定和立界工作,加强对水源涵养区、蓄洪滞涝区、滨河滨湖带的保护。严格落实自然保护区、风景名胜区、地质遗迹等各类保护地保护制度,支持有条件的地方结合国家公园体制试点,探索对居住在核心区域的农牧民实施生态搬迁试点。

### (三)建立健全生态保护补偿机制

适当的补偿机制有利于促进农村生态环境保护和修复,十九大报告中指出,要"严格保护耕地,扩大轮作休耕试点,健全耕地草原森林河流湖泊休养生息制度,建立市场化、多元化生态补偿机制。"我国应该加大重点生态功能区转移支付力度,建立省以下生态保护补偿资金投入机制。完善重点领域生态保护补偿机制,鼓励地方因地制宜探索通过赎买、租赁、置换、协议、混合所有制等方式加强重点区位森林保护,落实草原生态保护补助奖励政策,建立长江流域重点水域禁捕补偿制度,鼓励各地建立流域上下游等横向补偿机制。推动市场化多元化生态补偿,

---

① 习近平:决胜全面建成小康社会夺取新时代中国特色社会主义伟大胜利——在中国共产党第十九次全国代表大会上的报告[EB/OL].http://news.cnr.cn/native/gd/20171027/t20171027_524003098.shtml.

建立健全用水权、排污权、碳排放权交易制度，形成森林、草原、湿地等生态修复工程参与碳汇交易的有效途径，探索实物补偿、服务补偿、设施补偿、对口支援、干部支持、共建园区、飞地经济等方式，提高补偿的针对性。

## 二、加强乡村环境治理

### （一）将环境保护纳入村镇建设规划体系

围绕乡村振兴战略建设农村的过程中，首先需要结合实际情况对村镇建设进行整体规划，而为了建设美丽乡村这一目标，应该将环境指标纳入规划和评价体系中，避免建设过程中因忽略环境因素而造成灾难性后果；保证环境规划与村镇规划、环境建设与村镇建设、环境管理与村镇管理同步进行，把小城镇环保工作纳入干部政绩考核。

### （二）建立并完善农村环境保护法律制度

加强农村生态环境治理，科学且严格的法律法规是相关工作顺利展开的重要保证，并且农村环境保护法律体系还是农村环保制度设计和政策执行的根据，构建农村环保法律法规体系，需在科学立法、严格执法、法律监督等方面下功夫。在立法的过程中，需要克服“经济至上”的惯性思维，按照“谁污染谁治理”的原则立法。应抓紧研究、完善有关农村环境保护方面的法律，研究制定村镇污水、垃圾处理及设施建设的政策、标准和规范，对重要饮用水水源地等水环境敏感地区，制定并颁布污染物排放及治理技术标准。各地结合实际尽快制订和实施一批地方性农村环境保护法规、监测制度和评价标准，鼓励地方对农村环境法规规范领域进行探索，尽快填补农村环保法律的空白和盲区。

### （三）构建并完善农村环境管理监测体系

切实有效的监测为农村环境保护工作落实到位提供重要标准，通过监督和追责的方式可以在一定程度上避免相关工作人员和领导玩忽职守而产生严重后果。加大上级环保部门对下级环保部门在执行环保法律法规方面督查和考核的力度，对违法乱纪责任人必须严格追究相关法律责任。建立严格的环保问责制度和绿色 GDP 考核制度，杜绝以 GDP

为唯一目标的发展方式，实行政府负责人环保负责制。要加快将农村环境保护作为重要指标纳入政府考核体系，并明确加以规定。

同时，应该积极推行公众参与。发展环境保护事业要保障人民群众的监督权，推进信息的透明公开，健全公众参与机制。同时，积极报道和表彰环境保护工作中的先进分子。尽快建立公众参与环境保护监督机制，拓宽农民大众参与环境保护的途径，只有把政府的强制管理和个体的自觉遵守结合起来，农村的环境保护工作才能真正地事半功倍。

### （四）积极开展环保宣传教育活动

在农村开展环境保护工作，一个重要的方面是转变农村居民的传统思想，要让他们正确认识环保及其重要性。需要注意的是，在农村居民中开展环保宣传教育时，要充分考虑农村居民文化知识水平普遍较低的现实，可采用一些农民喜闻乐见的形式和素材，比如科教片、宣传图板等，或者结合文艺表演、科技扶农内容，开展环保图书下乡活动，编写适合在农村中小学、城市流动人口中使用的环境和生态乡土教材，在农村中小学普及基本环保知识。建立和完善公众参与机制，鼓励和引导农民及社会力量参与、提倡农村环境保护。

### （五）加大对农村环境保护的财政投入

农村环境保护和治理是一项系统工程，需要耗费的大量财力，单纯依靠农村自己并不实际，因此国家相关部门应该加大在这方面的财政投入，支持农村环境保护，设立农村环境污染税费制度，明确各级政府的农村环境保护职能范围，统筹农村环境保护工作，整合对基层政府的转移支付资金以及突出财政支持重点等。一般来讲，财政政策工具主要分为财政收入和财政支出两大类。一方面，政府可以通过税收或专项政府基金等形式，在为环境保护筹集资金的同时，增加排污者的排污成本，从而调节其排污行为；另一方面，政府可以通过财政环境保护支出的安排，以投资环保基础设施、购买环保相关劳务和给予特定个人或企业财政补贴的形式，实现相关的环保目标。

通过以上分析可以看出，当前我国农村环境保护和治理面临诸多问题，想要解决这些问题需要很长时间的持续努力。因此，农村环保工作既要解决当前突出问题，更要探索新路径，建立长效机制，为农村长远发展奠定基础。作为国家管理者,各地政府要把农村环保工作当作重点工作开展,学习借鉴国内外成功经验,并积极探索适合当地特点的农村环保之路,加强农村环境保护工作,改善农村环境,切实保护农民群众的生存环境。

### 三、完善自然村落整治

#### (一)自然村落整治的主要内容

自然村是由村民经过长时间聚居而自然形成的村落,我国北方平原地区的自然村通常比较大,南方丘陵水网地区的自然村通常比较小。自然村落整治的整治主要包括以下内容。

(1)农村道路改造。对村内的主要道路进行标准硬化。合理布局村内路网,努力实现户户通路,切实改善村民交通出行条件。加快危桥改造,方便农民出行。

(2)农宅墙体整修。根据农民的意愿和计划方案的要求,对村民住宅外墙统一形式和颜色,达到村落房屋色彩统一,实用美观。

(3)生活污水处理。给水、排水系统完善,管网布局规范合理,自来水入户率达到100%。农村生活污水集中处理。

(4)村内照明装置。村内主干道和公共场所有路灯照明装置,布局合理,环保节约,方便村民晚上出行,点缀乡村夜景,提升品位。

(5)村庄环境整治。统一进行环境整治,拆除危房和违章建筑,对乱堆放的固体废弃物进行清理,做到无乱搭乱建乱堆现象。

(6)河道疏浚净化。保护好村域内现有的水面,实行常年保洁,对濒临废弃、垃圾杂草滋生的黑臭河道进行疏浚、填堵,保障基本水质达标,水清岸绿。

(7)农民住宅改厕。积极推进农村卫生厕所改造,农宅改厕率100%,村有公共卫生厕所并达标。

(8)公共服务设施。建设深受农民欢迎的社区卫生室、便民小超市和文化活动室等公共服务设施和群众健身活动场所,改善农村医疗卫生、文化健身和日常生活条件。

#### (二)自然村落整治的主要途径

首先,构建合理的组织领导体系,建立工作机构。成立由有关部门

组成的领导小组，明确工作目标和任务，加强不同部门的分工协作，落实各个部门的责权关系。领导小组主要负责自然村落改造工作的统筹、指导和检查验收：各镇成立相应的小组或机构，确保有分管领导、把责任落到实处。自然村落改造的具体实施：区农委、规划局等相关部门，按职能分工，明确职责、密切配合，强化服务、齐抓共管、形成合力。把这项工作列入对各级部门的考核中，建立奖惩制度。

其次，明确科学合理的治理方案，制订并完善工作计划。在制订和优化自然村改造的实施方案和工作计划时，应该保证各相关部门的共同参与，要经过多次磨合与修改得出最终结论。自然村落改造方案以设计文本为主，详细说明基本概况、改造项目、空间优化、配置设施、投资预算等。工作计划包括宣传发动、组织实施、总结评估和有关建议等内容。坚持从当地实际出发，因地制宜，量力而行，确保方案的科学性、可行性和实效性。

再次，推进部门间有机协作，因地制宜开展工作。加强对相关部门的组织协调，一切以农民的利益为出发点和落脚点，因地制宜地发展。一是坚持高标准、严要求，严格按照工程方案、设计图纸和施工要求，组织规范施工；二是要提高工作效率，在保证施工质量基础上，各单位、部门所承担的工作和项目要按照时间节点落实任务，确保按质按时完成；三是加强监督检查，加强业务指导和施工质量监督，实行工程建设管理制度和村民自治相结合，定期或不定期地进行督促检查，组织统一评审验收。

最后，加强管理队伍建设，构建并完善长效机制。正确处理好集中建设与长效管理的关系。坚持建管结合，建管并重。试点村制定村规民约，列为文明家庭评比内容，探索长效管理机制。

# 参考文献

[1] 刘伟,李慧文,吴健平 . 景观环境设计 [M]. 北京:中国民族摄影艺术出版社,2011.

[2] 杨山 . 乡村规划 理想与行动 [M]. 南京:南京师范大学出版社,2009.

[3] 于晓亮,吴晓淇 . 公共环境艺术设计 [M]. 杭州:中国美术学院出版社,2006.

[4] 陈敏 . 公共环境艺术设计 [M]. 南昌:江西美术出版社,2009.

[5] 黄春华 . 环境景观设计原理 [M]. 长沙:湖南大学出版社,2010.

[6] 李长滨 . 大数据与美丽乡村建设 [M]. 长沙:湖南大学出版社,2018.

[7] 唐珂 . 美丽乡村建设方法和技术 [M]. 北京:中国环境科学出版社,2014.

[8] 汤喜辉 . 美丽乡村景观规划设计与生态营建研究 [M]. 北京:中国书籍出版社,2019.

[9] 王福定 . 农村地域开发与规划研究 [M]. 杭州:浙江大学出版社,2011.

[10] 周广生,渠丽萍 . 农村区域规划与设计 [M]. 北京:中国农业出版社,2003.

[11] 吴良镛 . 人居环境科学导论 [M]. 北京:中国建筑工业出版社,2001.

[12] 李晖,李志英等 . 人居环境绿地系统体系规划 [M]. 北京:中国建筑工业出版社,2009.

[13] 孙凤明 . 乡村景观规划建设研究 [M]. 石家庄:河北美术出版社,2018.

[14] 张述林,李源,刘佳瑜等 . 乡村旅游发展规划研究 理论与实践

[M]. 北京：科学出版社，2014.

[15] 陈秋华，纪金雄等 . 乡村旅游规划理论与实践 [M]. 北京：中国旅游出版社，2014.

[16]（日）进士五十八，铃木诚，一场博幸编；李树华，杨秀娟，董建军译 . 乡土景观设计手法：向乡村学习的城市环境营造 [M]. 北京：中国林业出版社，2008.

[17] 张萍萍 . 乡村规划的实践与展望 [J]. 中国周刊，2020，（4）：178-179.

[18] 贾甲 . 乡村规划景观设计 [J]. 世界林业研究，2020，（5）：130.

[19] 刘洋 . 美丽乡村规划设计 [J]. 建筑结构，2020，（10）：150-151.

[20] 袁敏 . 乡村规划的实践与展望 [J]. 建材与装饰，2020，（7）：104-105.

[21] 叶红 . 乡村规划与建设 [J]. 中华建设，2019，（6）：9-13.

[22] 张鹏 . 美丽乡村规划及推进策略 [J]. 城市住宅，2021，28（3）：164-166.

[23] 杨德全，邓育梅 . 美丽乡村规划问题探究 [J]. 广东蚕业，2020，54（7）：127-128.

[24] 罗嘉伟 . 乡村规划与乡村治理 [J]. 建筑工程技术与设计，2018，（35）：39.

[25] 赵红玲 . 城乡规划设计中的美丽乡村规划 [J]. 中国建筑金属结构，2021，（2）：138-139.

[26] 曹世臻 . 乡村人居环境提升规划论略 [J]. 环境工程，2020，38（11）：273.

[27] 任君 . 乡村人居环境建设路径研究 [J]. 决策探索，2019，（24）：35-36.

[28] 李文贞 . 乡村人居环境景观优化设计与实践研究 [J]. 读天下（综合），2021，（7）：274-275.

[29] 谢治华 . 乡村人居环境有机更新理念与策略 [J]. 居舍，2018，（25）：233.

[30] 宋彦军 . 乡村人居环境整治制度建设问题研究 [J]. 新丝路（下旬），2020，（3）：43-44.

[31] 马艳红 . 乡村人居环境改造与优化策略研究 [J]. 农业科技与信息，2020，（18）：7-9.

[32] 刘滨谊,陈鹏 . 乡村人居环境风貌评价与优化 [J]. 中国城市林业,2020,18（6）: 1-8.

[33] 陶云 . 乡村人居环境建设路径探索 [J]. 建材与装饰,2020,(9): 127-128.

[34] 姜学青 . 打好乡村人居环境整治提升战 [J]. 当代江西,2019,(4): 25.

[35] 李朝阳 . 推进乡村文化振兴 提升乡村人居环境 [J],旗帜,2021,(2): 53-54.

[36] 乡村旅游 蔚然成风 [J]. 汽车自驾游,2021,(2): 136-139.

[37] 邱正英 . 乡村旅游发展思考 [J]. 广东蚕业,2021,55（4）: 151-152.

[38] 阚浩洪 . 乡村旅游与文化发展 [J],休闲,2020,(22): 92.

[39] 金鑫 . 乡村旅游规划的思考 [J]. 美与时代(城市版),2020,(1): 83-84.

[40] 姜瑾华 . 乡村旅游带民富 [J]. 农家致富,2020,(3): 13.

[41] 盛玉雷 . 乡村旅游展现广阔前景 [J]. 村委主任,2021,(4): 1.

[42] 宋子雄,徐颖 . 乡村旅游发展路径探索 [J]. 广东蚕业,2021,55（2）: 144-145.